普通高等教育"十二五"规划教材

# 机械设备维修工程学

王立萍　编

U0315278

北　京

冶金工业出版社

2014

## 内 容 提 要

本书系统介绍了机械设备主要零部件失效及故障类型、维修工艺方法和设备润滑、安装等方面的知识和应用技术，内容全面，陈述简练，深入浅出。每章都配有复习思考题。

本书可作为高等院校机械类专业的教学用书，也可供从事机械设备维修和生产维护的工程技术人员参考。

**图书在版编目(CIP)数据**

机械设备维修工程学/王立萍编. —北京：冶金工业出版社，2014.8

普通高等教育"十二五"规划教材

ISBN 978-7-5024-6675-6

Ⅰ.①机… Ⅱ.①王… Ⅲ.①机械维修—高等学校—教材
Ⅳ.①TH17

中国版本图书馆 CIP 数据核字（2014）第 169249 号

出 版 人　谭学余
地　　　址　北京市东城区嵩祝院北巷 39 号　邮编　100009　电话　(010)64027926
网　　　址　www.cnmip.com.cn　电子信箱　yjcbs@cnmip.com.cn
责任编辑　宋　良　美术编辑　吕欣童　版式设计　孙跃红
责任校对　郑　娟　责任印制　牛晓波
ISBN 978-7-5024-6675-6

冶金工业出版社出版发行；各地新华书店经销；北京慧美印刷有限公司印刷
2014 年 8 月第 1 版，2014 年 8 月第 1 次印刷
169mm×239mm；9.75 印张；188 千字；145 页
26.00 元

冶金工业出版社　投稿电话　(010)64027932　投稿信箱　tougao@cnmip.com.cn
冶金工业出版社营销中心　电话：(010)64044283　传真　(010)64027893
冶金书店　地址　北京市东四西大街46 号(100010)　电话　(010)65289081(兼传真)
冶金工业出版社天猫旗舰店　yjgy.tmall.com
（本书如有印装质量问题，本社营销中心负责退换）

# 前　言

机械设备是企业固定资产的重要组成部分，设备的技术指标、工作性能对产品生产率、质量、成本、安全和环保有决定性的作用。由于机械设备在运行或停机过程中不可避免地存在磨损、变形、断裂和腐蚀等现象，必须适时进行检修、保养，使其长期处于最佳工作状态，因此维修是维持生产所必需的手段，也是节约能源和资源的重要措施和途径。

机械类专业的大学生，掌握了扎实的机械设备设计制造的专业基础知识，在走上工作岗位之前，应该对机械设备具体使用过程中可能遇到的问题及其解决方法有基本的了解，这些问题涉及机械设备的维护和检修、故障的诊断、故障的形式、故障零部件的修复以及机械设备的润滑、安装等相关知识和技能。

在编写过程中，得到王德春、卢天意、李朝全、吴国彦、薛彦军、郭树柏、秦勉、辛兆东、孟辉、张海龙、王明瑞等机械专业教师和机械行业工程师的指点和帮助，谨致诚挚的谢意。

由于水平有限，不足之处难免，敬请读者批评指正。

编　者

2014 年 5 月

# 目　　录

# 1　机械维修的基本知识

## 1.1　概　　述

### 1.1.1　机械设备维修工程学的性质、任务和内容

机械设备是满足企业生产经营需要的重要财产物资，是能够为企业带来经济效益的重要经济资源。工业生产过程的连续性和均衡性主要靠机械设备的正常运转来保持。只有加强设备管理，正确地操作使用，精心地维护保养，适时适地地进行状态监测，科学地维修改造，保持设备处于良好的技术状态，才能保证生产连续、稳定地运行。

随着工业与科学技术的飞速发展，新产品、新技术、新材料不断涌现，管理的理念、模式也在不断更新，仅靠一些传统修理技术、日渐老化的专业知识以及在现场处理过的几个技术难题个案的成功经验，已远远不能适应现代快速发展的大环境对设备维修的需求。

在激烈的市场竞争中，特别是我国加入 WTO 之后，如何科学地管好、用好、修好、养好机械设备，已不仅仅是保持简单再生产的必要条件，对提高企业效益，保持国民经济持续、稳定、协调发展，也有着极为重要的意义。

各行业装备水平迅猛发展的新形势，迫切需要设备维修工作与时俱进。研究维修理论，发展维修技术，优质、高效、低成本、安全地完成维修任务，已成为摆在广大工程技术人员面前的重要课题，如何将包容多门学科和技术的跨学科、跨领域的现代科学技术和理论，合理地综合应用，形成在环境和条件各异的现场行之有效的维修理论和技术，成为现代维修领域面临的严重挑战。

近年来，国际上已经把设备维修看作是一种投资，在维修作业方面也遵循价值工程的投入产出的经济原理。维修的投入是指工作中所消耗的劳动力、原材料和能源等，加上由于停产检修所造成的经济损失，反映出工厂由此取得的生产率和经济效益。因此，维修和生产一样，需要遵守投入产出的基本原理，追求最佳的技术经济效果。

A　机械设备维修工程学的性质

机械设备维修工程学是一门综合性技术应用课程，它所研究的对象是有故障

的机械设备，它所研究的领域是机械设备故障的机理和维修技术（故障排除）。

B　机械设备维修工程学的任务

（1）研究机械设备工作性能恶化的规律和机理，寻求延长机械设备寿命和改善其可靠性的途径。

（2）应用现代化科学技术成果，研究适用的维修安装技术和修复工艺。

（3）以最佳经济效益为准则，研究维修管理理论和方法，为维修决策提供依据。

C　机械设备维修工程学的内容

机械设备维修工程学的主要内容包括：故障理论、维修技术和维修管理。机械设备维修工程学的具体内容如图 1-1 所示。

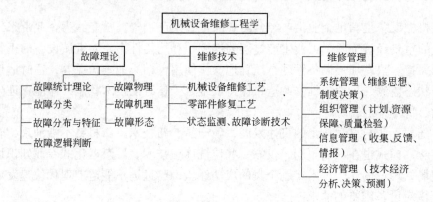

图 1-1　机械设备维修工程学的内容

（1）故障理论是本学科的理论基础，它揭示了机械设备投入生产后的运动规律，是维修的决策依据。故障理论是在可靠性、维修性、摩擦、磨损、润滑学、工程诊断学等学科的基础上建立和发展起来的一门综合性理论。

（2）维修技术是指具体的生产技术，它是借鉴各工程技术学科的成果，建立发展起来的一套较全面的机械设备维护和零部件修复工艺体系。状态监测和故障诊断技术是根据工程诊断学原理和方法，建立发展起来的一套完善的检测和诊断系统。这种系统的建立标志着机械设备进入了现代化管理阶段，并使机械设备实现预知维修成为可能。

（3）维修管理是对机械设备维修提供政策性指导和最优决策、筹划维修资源保障、对维修生产进行控制，以实现机械设备正常技术状态所需的人力、物力、财力、信息等的最佳组合。

## 1.1.2　机械设备维修工程学发展概况

维修是维护和检修的总称。

维护是指防止或减缓设备劣化或损耗而进行的日常性的检查、清扫、调整、加油、换件等活动。

修理是指为了消除劣化、补偿损耗、恢复设备性能而进行的拆卸清洗、检查调整、更换零件以至重新安装等活动。检修是检查和修理的总称，分为大修、中修、小修和临时进行的故障检修或事故抢修。

随着企业管理、生产经营和科学技术的发展，设备运行维护制度也在不断地发展和完善。到目前为止，机械设备维修工程学发展大体上分四个阶段：事后维修制、计划预防维修制、全员生产维修制和预知维修制。

### 1.1.2.1　事后维修制

自从有了机械，维修就和机械并存，而且随生产的发展而发展。一直到 19 世纪，努力提高设备利用率、减少维修费用、增加利润的想法都还未出现，对机械的故障只是在发生了以后才去处理，即事后修理方式。

事后维修又称故障维修，是设备发生故障后再进行的修理，俗称"出了事再修"，其特征是机械损坏随时修理，维修工作处于完全被动状态，只能适应很低生产力的水平。由于不知道故障何时发生，缺乏修前的准备工作，事后维修的设备停修时间较长，停产的经济损失较大。事后维修是一种原始落后的管理方式。

### 1.1.2.2　计划预防维修制

进入 20 世纪，生产力水平有了很大提高，出现了以福特汽车装配线为代表的流水生产作业，生产方式由单件转向批量，生产效率迅速提高。与此同时，机械设备故障对生产的影响也显著增加。如果某一环节停止运转，则全线停工。于是出现了设备利用率的问题，产生了预防维修的观点。

这种观点认为机械设备和人体一样，一进入老年期，由于每个零部件的劣化，将会使故障频发。如果在进入老年期之前，把劣化了的零部件更换下来，就可以预防故障的发生。具体地讲，就是对机械设备进行定期检查和定期修理，这种维修制度又称计划预修制。

计划预防维修制也称计划检修制、预防维修制。预防维修制指在设备未发生停机故障或损失时就进行的维修。它要求设备维修以预防为主，在使用过程中做好维护保养和检查工作。当使用到计划规定的时间后，安排停机进行预防性检查。如发现了故障苗头则当场修复处理。根据磨损规律、检查结果和经验，在发生故障前进行修理，因此这种维修方式可以缩短设备停修时间，提高设备完好率，不致因失修而损坏设备或影响安全。

计划预防维修制的具体实施可概括为定期检查、按时保养、计划修理。计划预修制主要包括日常维护保养和不同性质的定期修理（大、中、小修），它能保证机械设备经常地、长期地处于正常运行状态，能明显减少以至消除非计划停机，对连续性的大生产产生了良好的效果。

预防维修阶段容易出现的问题是修理周期、修理工作量不能准确地反映该设备运行的客观规律、或者不能准确反映不同位置、不同负荷环境下的同一名称设备的自身状况，其结果是易造成维护不及时，更多的是造成"过剩维修"，使得备品备件储备量增大，检修工作量增大，各种费用增多（人力和停修时间），设备维修成本增高。

### 1.1.2.3 全员生产维修制

全员生产维修制（TPM，total productive maintenance），又称设备管理维修制，是日本在学习美国预防维修的基础上，吸收设备综合工程学的理论和以往设备维修制度中的成就逐步发展起来的一种制度，是在 20 世纪 70 年代提出的。我国是 80 年代开始引进研究和推行这种维修制度的。全员生产维修制的核心是全系统、全效率、全员，是一种全员参与的生产维修方式，其主要点就在"生产维修"及"全员参与"上。通过建立一个全系统员工参与的生产维修活动，使设备性能达到最优。在非日本国家，由于国情不同，对 TPM 的理解是：利用包括操作者在内的生产维修活动，提高设备的全面性能。

TPM 的特点就是三个"全"，即全效率、全系统和全员参加。全效率指设备寿命周期费用评价和设备综合效率。这是工作目标，要求设备一生所耗总费用最小而效益最大、贡献最大，即"多快好省"。全系统指生产维修系统的各个方面都要包括在内。全系统也可以称为全过程，包括与设备一生各环节、各阶段相关的系统。全员参加指设备的计划、使用、维修等与设备有关的系统所有部门和人员都要参加，包括生产工人和企业各层领导，尤其注重的是操作者的自主小组活动。

TPM 的目标可以概括为四个"零"，即停机为零、废品为零、事故为零、速度损失为零。停机为零指计划外的设备停机时间为零。计划外停机对生产造成的冲击相当大，使整个生产匹配发生困难，造成资源闲置等浪费。计划时间要有一个合理值，不能为了满足非计划停机为零而使计划停机时间值达到很高。废品为零指由设备原因造成的废品为零。"完美的质量需要完善的机器"，机器是保证产品质量的关键，而人是保证机器好坏的关键。事故为零指设备运行过程中事故为零。设备事故的危害非常大，影响生产不说，可能会造成人身伤害，严重的可能会"机毁人亡"。速度损失为零指设备速度降低造成的产量损失为零。由于设备保养不好，设备精度降低而不能按高速度使用设备，等于降低了设备性能。

推行 TPM 要从三大要素上下功夫，这三大要素是：1）提高工作技能：不管是操作工，还是设备工程师，都要努力提高工作技能，没有好的工作技能，全员参与将是一句空话。2）改进精神面貌：精神面貌好，才能形成好的团队，共同促进，共同提高。3）改善操作环境：通过 5S 等活动，使操作环境良好，一方面可以提高工作兴趣及效率，另一方面可以避免一些不必要设备事故。现场整洁，物料、工具等分门别类摆放，也可使设备调整时间缩短。

TPM 的理念是以"5S"活动（整理、整顿、清扫、清洁、素养）为基础，以八大支柱（个别改善、自主维修、专业维修、初期管理、质量改善、安全与卫生环境改善、事务改善、教育培训）为依托，通过重复的小组活动，对设备六大损失和生产现场一切不良现象，实施持续的改善，努力实现 5Z（零事故、零故障、零缺陷、零差错、零库存）的目标，从而达到全效率，最终达成 3S（员工满意、顾客满意、社会满意）的可持续发展企业。目前，我国的宝钢和鞍钢都在推行 TPM 管理理念。

全员生产维修制的工作内容主要包括点检定修制、设备分级管理制、设备文明生产达标管理制等。

这里主要介绍设备点检定修制包含的主要内容。

点检定修制是以预防维修为主，全员参与的一种计划综合维修，包括点检制和定修制两个方面。其主要优点是：降低维修费，减少故障，提高维修效率，提高设备综合效率，有利于协调组织生产。

点检定修制以点检为核心，是通过点检员在规定的时间、按规定的路线、利用专用设备和个人经验对设备进行周期性检查，并对检查结果进行分析比较来判断设备的状态，进而采取相应措施维持提高设备能力的一种管理制度。

设备管理可分为三方：点检方、检修方和生产方。点检方属于管理方，履行生产设备管理的全面职能，从这个意义上讲处于核心地位。检修方是在管理方的业务计划指导下，完成各种设备检修或备件制造业务。生产方是指生产操作工人接受点检方关于设备日常点检业务指导和管理。

设备点检制自 20 世纪 80 年代从工业先进国家引入我国，得到广泛的应用，为探索适应我国工业企业设备管理发展提供了一种有效的方法，特别对流程工业企业更具有其重要性和先进性。但把这种先进方法应用到生产实践中，却经历了认识—初步应用—再认识—成熟应用的过程。有的走了一些弯路，有的甚至半途而废，然而国内不少大型的、先进的企业最终都成功地应用了设备点检制，建立了以设备点检制为主体的设备管理体系。

所谓设备点检制度，即以点检为核心的全员生产维修管理体制，按照制定的标准定期、定点地对设备进行检查，准确掌握设备技术状态、设备故障的初期信息和劣化趋势，及时采取对策，将故障消灭在萌芽阶段，以提高设备工作效率，延长设备寿命，确保企业生产的正常进行。

点检制度的实质就是全员参与、全员管理、责任到人，以预防为基础，以点检为核心，以定修为目的，可以说是一种及时掌握设备运行状态，指导设备检修的严肃、科学的管理方法。

全面推行设备点检制度，主要从以下程序开展以点检为核心的维修：1）定人。设立兼职和专职的点检员。2）定点。明确设备故障点，明确点检部位、项目和内容。3）定量。对有劣化倾向的设备实行定量化测定。4）定周期。不同设备、不同设备故障点要有不同点检周期。5）定标准。明确每个点检部位是否正常的依据，即判断标准。6）定点检计划表。指导点检员按照规定的路线作业。7）定记录格式。包括作业记录、异常记录、故障记录及倾向记录，都要有固定的格式。8）定点检业务流程。明确点检作业和点检结果的处理程序。对急需处理的问题，要通知维修人员；不急处理的问题则记录在案，留待计划检查处理，请求安排计划检修。为了保证定期检查能按规定如期完成，针对生产线设备特点，按照全程动态检查情况，编制一套完善的设备定期检查记录制度。与此同时，通过积极开展设备点检成果评比工作，了解设备的使用维护质量和设备管理情况，检查设备点检责任制度的贯彻落实情况，以保证设备的平稳、高效运行。

作为设备状态监测的主要方式，"点检"已成为有效制订检修计划和技术创新的信息来源。

除此之外，按设备技术状态决定检修内容、安排检修时间、提出备件计划，在很大程度上还能防止设备失修，不仅能节约大量检修费用，而且能有效降低备件库存量。

点检方案措施的落实，能够改变过去那种在生产过程中出现故障以后集体抢修的状况，大幅度降低设备的故障发生率和事故停机率，成功地完成由结果控制向过程控制理念的转变。其较强的针对性，既便于操作工人迅速把握设备运行状况，揭示其状态变化的一般规律和特殊规律，同时为实现预知性检修提供及时有效的科学依据，防止"过维修"或"欠维修"情况的出现，在很大程度上能够避免设备故障的发生。

点检是指对设备按规定周期进行预防性的检查，检查部位是某些点，故称为点检。

点检分为日常点检、专业点检和精密点检。

日常点检也称为生产点检，由生产（操作）工人、值班维修工人（保全工、钳工、电工等）进行的点检工作。按要求按规定路线开展巡检，生产人员每班 2 次，维修人员每班 $N$ 次（按工种、按设备特点规定检查次数）。生产人员一般凭经验、凭五官感觉对本岗位使用范围内的设备逐项排查，将结果记入点检卡或告诉值班维修人员记录。设备人员一般应用简单的仪器仪表、工具，凭经验逐项巡检排查，重点查找异常情况。点检卡必须当天交报，日常点检是基础，是避免事故的第一道防线。如图 1-2 所示为某型材轧钢厂的机电设备定点巡回检查路线。

专业点检的对象是本企业的关键设备（A 类设备）或关键部位。凭经验或设计要求制订本单位设备周期检查表（点检计划表），由专业技师、技术工人按表依次进行点检工作。针对日常点检发现的问题或有争议的问题开展工作。专业技师、技术工人需携带点检仪器、工量具进行检查，根据显示的数据凭技术知识和

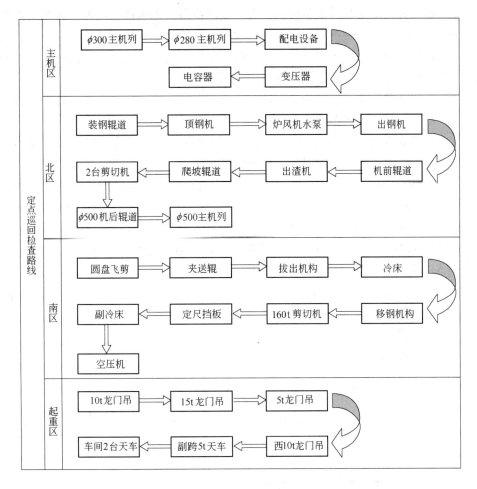

图 1-2 某型材轧钢厂的机电设备定点巡回检查路线

工作经验判断出异常情况和隐患部位，并要组织维护人员排除这一故障。专业点检是骨干支柱，是技术性点检，大量的诊断、维护工作靠此完成。这是避免事故的第二道防线。

精密点检由专职分管技术人员，或外聘专业技术人员进行。这是一种不定期的点检，完全根据设备运行状况和技术需要安排。设备状况较佳、运转稳定的车间设备一般每年安排 4~6 次，或按季节温度变化安排点检次数。精密点检是技术性很强的点检，是针对设备的"疑难杂症"开展的监控和诊断。必须应用测量工具、诊断仪器比较鉴别，才能推导出结论性意见。它是日常点检和专业点检的完善与补充，是避免事故的第三道防线。

点检工作由设备主管厂长领导，设备职能部门管理，按生产工序、地域划分区域。每个区域设立机械点检员、电气点检员各 1 名。

点检员要具备的基本素质包括：有一定的设备管理理论、技术素质和实践经验，能进行一般的机械制图；有较强的故障判别能力，会使用简易诊断仪器；有一定的业务协调能力，与维修站、设备组、工段进行横向联络；全面熟悉所管辖设备的结构、性能，设备的操作规程，检修规程。

点检员是设备技术状态的管理员，是设备运行、维护、检修技术管理的中坚力量，对设备的技术状态负责。

（1）负责对所辖区域设备技术状况进行管理，按点巡检要求，设备技术维护要求定期按时进行设备的现场巡视并做好记录；

（2）负责设备的检修计划、备品备件计划、设备技术维护计划的制订和现场故障处理；

（3）负责设备检修计划的组织实施，质量监督验收等；

（4）负责与维修工段（公司）联络，开出检修委托工作量签单；

（5）负责设备故障的检测分析诊断，提出处理意见和检修、改进方案；

（6）负责对设备的现场管理、指导、检查，督促生产岗位人员搞好设备操作和日常维护；

（7）负责设备运行档案的填写与管理；

（8）负责本区域岗位人员的设备知识培训。

设备管理人员职责如下：

（1）负责对点检员的业务指导和管理；

（2）负责重点检修项目的管理；

（3）负责备品备件的组织、管理；

（4）负责点检员开出的委托单和工作量复审；

（5）负责重点设备的技术改进和改造；

（6）负责技术资料的管理；

（7）负责对维修公司的评价。

点检管理的要点是实行全员管理，专职点检员按区域分工管理。点检员本身是一贯制管理者。点检是按照一整套标准化、科学化轨道进行，是动态的管理，它与维修相结合。

定修是指在推行设备点检管理的基础上，根据预防维修的原则，按照设备的状态，确定设备的检修周期和检修项目，在确保检修间隔内的设备能稳定、可靠运行的基础上，做到使连续生产系统的设备停修时间最短，物流、能源和劳动力消耗最少，是使设备的可靠性和经济性得到最佳配合的一种检修方式。

定修包含以下内容：

（1）要有科学的定修模型；

（2）要有完善的以网络图方式编成的检修作业标准和修理质量基准；

（3）要有明确的生产方、点检方、检修方、社会协作方的业务分工协议书；

（4）要有现代化的施工机具和检测仪表等手段；

（5）推行以作业长制为中心的现代化基层管理方式。

定修制就是包括了上述要点、特征和内容的一种设备检修管理制度。即在定修模型的指导下，按照工程委托、接受工程、工程实施、工程记录四个步骤形成的一整套科学而严密的管理制度。定修制的具体内容包括：检修工程管理；计划管理；修理计划设定周期与进度编制；年度计划编制和评定年度计划；月度日程计划编制；检修工程实施；检修工程委托处理；检修工程接受业务处理；检修工程实施处理；检修工程记录处理，以及科学的工程编码管理和管理用的成套表格。

定修模型是各生产工序的定修配合，按照能源平衡、物流平衡、生产平衡与检修人员平衡，设定各项定修工程的周期和时间的标准化模式，这个标准化模式称为定修模型。

### 1.1.2.4　预知维修制

20 世纪 60 年代，由于科学技术的飞速发展，对现代化的机械设备及其零部件的可靠性要求和及时排除故障的要求越来越高。预知维修首先在宇航、军工部门得到利用。进入 70 年代，由于状态监测技术和故障诊断技术不断成功、成熟、完善，预知维修开始扩展到国民经济的其他工业部门。今天，先进的状态监测和故障诊断系统是一个专家系统，它能对机械设备的许多信息参数进行动态监测和诊断，因而能实现预知维修。它的优点是通过预测结果进行定修，防止过度维修。

随着生产的发展，越来越多的先进技术被采用，机械设备的维修技术也将会不断进步和发展。

### 1.1.3　运用统筹法编制检修计划

机械设备修理是一项复杂的工作，必须统筹安排。运用统筹法编制修理计划可以统筹全局，最优安排工作秩序，找出关键工序，从而达到缩短工期，节约人力、材力，减少投资的目的。工程负责人、施工技术人员和工人都应该掌握这种方法，用它来指导检修工作。

### 1.1.3.1　统筹图

一项工程总是包含多道工序，依照各工序间的衔接关系，用箭头表示其先后次序，画出一个表示各项任务相互关系的箭头图，注上时间，算出并标明主要矛盾线，这个箭头图称为统筹图或工序流线图。

下面举例说明统筹图的组成及绘制方法。如大修一台机床包括十道工序：拆卸、清洗、检查、零件修复、零件加工、床身与工作台研合、变速箱组装、部件组装、电器检修和安装、装配和试车。其工序流线图如图1-3所示。

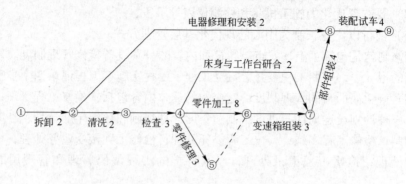

图1-3　机床大修工序流线图

A　图中符号的含义

箭线→：箭尾表示工序开始，箭头表示工序完成，从箭尾到箭头表示一道工序过程。箭线把各个结点连接起来，并表明各工序先后顺序和相互关系。

①$\xrightarrow{2}$②：代表拆卸，需时2天。

②$\xrightarrow{2}$③：代表清洗，需时2天。

③$\xrightarrow{3}$④：代表检查，需时3天。

④$\xrightarrow{3}$⑤：代表零件修理，需时3天。

④$\xrightarrow{8}$⑥：代表零件加工，需时8天。

⑥$\xrightarrow{3}$⑦：代表变速箱组装，需时3天。

④$\xrightarrow{2}$⑦：代表床身与工作台研合，需时2天。

⑦$\xrightarrow{4}$⑧：代表部件组装，需时4天。

②$\xrightarrow{2}$⑧：代表电器修理和安装，需时2天。

⑧$\xrightarrow{4}$⑨：代表装配试车，需时4天。

虚箭线--→：代表虚设工序，所需时间为零。

B　找出主要矛盾线

找出主要矛盾线是统筹技术的核心。主要矛盾线是消耗时间最长的一条路线，处于主要矛盾线上的工序是关键工序，它的工期提前与否，决定着整个工程工期提前完成或推迟完成。这样，工程指挥者和处在主要矛盾线的工人，就可以紧紧抓住主要矛盾，合理调整，苦干、巧干，缩短关键工序的时间，促使主要矛盾线转到别的线路上去，形成各条战线、各个工程之间互相促进的局面。

找主要矛盾线的方法是在画好工序流线图后，算出每条线路的总工期，其中工期最长的路线就是主要矛盾线。例如，运用图 1-3 数据找主要矛盾线：

第一条线路　①$\xrightarrow{2}$②$\xrightarrow{2}$⑧$\xrightarrow{4}$⑨　2+2+4=8（天）

第二条线路　①$\xrightarrow{2}$②$\xrightarrow{2}$③$\xrightarrow{3}$④$\xrightarrow{2}$⑦$\xrightarrow{4}$⑧$\xrightarrow{4}$⑨　2+2+3+2+4+4=17（天）

第三条线路　①$\xrightarrow{2}$②$\xrightarrow{2}$③$\xrightarrow{3}$④$\xrightarrow{8}$⑥$\xrightarrow{3}$⑦$\xrightarrow{4}$⑧$\xrightarrow{4}$⑨　2+2+3+8+3+4+4=26（天）

第四条线路　①$\xrightarrow{2}$②$\xrightarrow{2}$③$\xrightarrow{3}$④$\xrightarrow{3}$⑤$\xrightarrow{0}$⑥$\xrightarrow{3}$⑦$\xrightarrow{4}$⑧$\xrightarrow{4}$⑨　2+2+3+3+0+3+4+4=21（天）

第三条线路工期最长是主要矛盾线，26 天就是机床大修所需时间，并用红线或粗线在图上标明。

值得注意的是：主要矛盾线可能不止一条，对次主要矛盾线也可用其他颜色标出；主要矛盾线可以转化，转化之后需要重新画图；从非主要矛盾线上抽调人员支援主要矛盾线后，必须重新画图。

C　计算时差

找出主要矛盾线，可以看到非主要矛盾线上的项目是有潜力可挖的。潜力到底有多大？要靠计算每道工序的时差来解决。时差实际上就是指每道工序最迟必须开工时间与最早可能开工时间之间相差的时间，通常，非主要矛盾线上的工序才存在时差，而主要矛盾线上的时差应该都是 0。由于存在时差，可以从非主要矛盾线的工序上抽调人员支援主要矛盾线上的工序。若要计算时间，先要弄清楚各工序的最早可能开工时间和最迟必须开工时间。下面以图 1-4 为例计算各工序的最早可能开工时间和最迟必须开工时间。

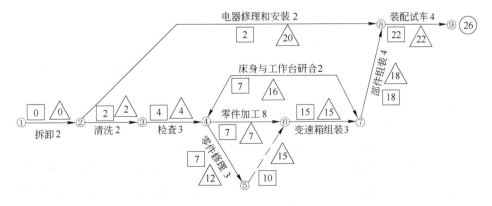

图 1-4　机床大修时差计算

最早可能开工时间以□表示，计算方法是：从第一道工序开始，自左向右，顺箭头方向，逐步计算，直至流程图最后一道工序为止。第一道工序最早可能开工时间为零。其余工序按式（1-1）计算，即

最早可能开工时间＝紧前工序最早可能开工时间＋紧前工序时间　　　（1-1）

若紧前工序不是一个，而是多个，则取紧前工序最早可能开工时间中的最大值。如计算⑧→⑨工序最早可能开工时间，其紧前工序有②→⑧和⑦→⑧两道，最早可能开工时间分别为 2 天和 18 天，则计算⑧→⑨工序最早可能开工时间时，应该取⑦→⑧工序的最早可能开工时间 18 天，再加上⑦→⑧的工序时间 4 天，则⑧→⑨工序最早可能开工时间为 22 天。按公式计算出的各工序最早可能开工时间□写在该工序线下，如图 1-4 所示。

各工序的最迟必须开工时间用△表示，计算方法是从终点开始，逆箭头方向逐步进行计算。最末一道工序的最迟必须开工时间是用总工期减去本道工序时间，其余工序最迟必须开工时间的计算公式为：

某道工序的最迟必须开工时间△＝后道工序最迟必须开工时间−本道工序时间

（1-2）

若有多道后道工序，则取各后道工序最迟必须开工时间中的最小值作为后道工序最迟必须开工时间，再减去本道工序时间，就得到该道工序最迟必须开工时间。如图 1-4 中，工序③→④的后道工序有三道，④→⑦、④→⑥和④→⑤，其最迟必须开工时间分别为 16 天、7 天、12 天，取最小值 7 天，减去工序③→④的时间 3，得 4，则工序③→④最迟必须开工时间为 4，将 4 写在本道工序线上/下的△里。

计算完各工序的最早可能开工时间和最迟必须开工时间之后，就可以计算各工序的时差了，计算公式如式（1-3）所示。

某道工序的时差＝本道工序最迟必须开工时间−本道工序最早可能开工时间

（1-3）

各工序时差计算结果可以用表格表示，见表 1-1。

表 1-1　机床大修各工序时差

| ①→② | ②→③ | ③→④ | ②→⑧ | ④→⑦ |
|---|---|---|---|---|
| 0 | 0 | 0 | 18 | 9 |
| ④→⑥ | ④→⑤ | ⑥→⑦ | ⑦→⑧ | ⑧→⑨ |
| 0 | 5 | 0 | 0 | 0 |

有时差的工序，也就是有支援其他任务的潜力。凡是时差为零的工序连接起来，就是主要矛盾线，从表 1-1 机床大修各工序时差也可以找出机床大修的主要矛盾线为①→②→③→④→⑥→⑦→⑧→⑨。这是要特别重视的线路，要加强控制、加强调度。

### 1.1.3.2 编制统筹图的步骤

统筹图需要按如下步骤编制：

（1）做好调查研究，搞清楚本工程有哪些工序。

（2）按照客观规律分析工序与工序之间的衔接关系。

一道工序开始前，有哪些工序必须先期完成；该工序进行过程中，有哪些工序可以与之平行进行；该工序完成后，有哪些工序应接着开始。

（3）确定完成各工序所需的时间。有以下两种方法：

第一，单一时间估计法（肯定型）。这种方法就是在估算各项工序时间时，已有定额资料可供参考，或有先例可循，这时只需要确定一个时间值。

第二，三种时间估计法（非肯定型）。如果该项工作以前没有做过，或做的次数很少，估计一个时间定额难以估准，此时即可先预计三个时间值，然后再求可能完成时间的平均值，这三个时间是：

最乐观时间，是指在顺利情况下，完成某工序可能出现的最短时间，用 $a$ 表示。

最保守时间，是指在不利情况下，完成某工序可能出现的最长时间，用 $b$ 表示。

最可能时间，是指在正常情况下，完成某工序最可能出现的时间，用 $m$ 表示。

然后，按式（1-4）求出平均值，即

$$t_\Sigma = \frac{a + 4m + b}{6} \tag{1-4}$$

这样就可以把非肯定型化为肯定型。

（4）把施工任务分配到各施工单位，做好人力、设备和原材料的安排。

（5）订好施工方案。

（6）绘统筹图。

（7）时间计算。计算每项工序最早开工时间、最迟必须开工时间和时差，确定主要矛盾线并用红线（次要矛盾线用其他颜色）标明。

（8）根据主要矛盾线的长度和时差，对箭头图加以调整。

## 1.2 机械设备故障与机械设备事故

综合分析机械设备全寿命期各阶段有关维修的不同矛盾，研究它们之间的有机联系，把许多分支科学地统一起来，从而构成一个完整的知识体系——故障理论。它具有自己特有的研究对象——有故障的机械设备。故障理论主要应用可靠性理论、维修性理论、摩擦、磨损和润滑、工程诊断学、金属物理、断裂力学等学科理论，并将先进的测试技术同维修实践相结合，从而揭示机械系统进入生产过程后的运动规律，这些构成维修的决策依据。

## 1.2.1　机械设备故障与机械设备事故的概念

一切机械设备丧失规定功能的现象，统称为机械设备故障（failure）。从微小的机器工作偏差，到严重的机械设备事故，都是机械设备故障的表现形式。生产中通常提到的机械设备故障，一般指轻微的机械设备事故，可以快速修复的失效；而机械设备事故则指正式投产的机械设备，由于内因或外因造成机械零部件损坏，使生产突然中断或造成能源供应中断的现象。

## 1.2.2　机械设备故障的形成过程

机械设备在使用过程中，承受各种能量作用（力、力矩、温度、腐蚀、冲击等），这些能量一方面使机械设备按规定要求进行工作，另一方面造成机械设备性能及状态变化，随着时间的发展，使机械设备性能下降，输出参数变化，最后导致机械设备故障发生。

例如，轧钢机一方面在电动机驱动下完成钢材的轧制，另一方面其中的各个零部件会发生一些变化：机架会在轧制力作用下发生周期性的变形；轧辊在轧制一定重量的钢材后会发生磨损、热膨胀，有些零件在冷却水的作用下会发生腐蚀，当这些磨损、变形或腐蚀达到一定程度，轧钢机就会出现故障。

故障过程是一个发展过程，如疲劳裂纹需交变应力达到一定的循环次数，材料损伤是材料检验性能偏离初始性能。

## 1.2.3　机械设备的故障模式

机械设备的故障必定表现为一定的物质状况及特征，它们反映出物理的、化学的异常现象，并导致功能的丧失，这些物质状况的特征称为故障模式。

机械设备的故障需要通过人的感官或测量仪器得到，相当于医学上的"病症"。

常见的机械设备故障模式按以下几个方面进行归纳：

（1）属于机械零部件材料性能方面的故障：疲劳、断裂、裂纹、蠕变、过度变形、材质劣化等；

（2）属于化学、物理状况异常方面的故障：腐蚀、油质劣化、绝缘绝热劣化、导电导热劣化、熔融、蒸发等；

（3）属于机械设备运动状态方面的故障：振动、渗漏、堵塞、异常噪声等；

（4）多种原因的综合表现：如磨损等。

此外，还有配合件的间隙增大或过盈丧失、固定和紧固装置松动与失效等。机械设备常用零件的故障模式举例见表1-2。

**表 1-2　机械设备常用零件的故障模式举例**

| 序号 | 名　称 | | 模　式 |
|---|---|---|---|
| 1 | 轴承 | | 弯曲、咬合、堵塞、开裂、压痕、卡住、润滑作用下降、凹痕、刻痕、擦伤、黏附、振动、磨损等 |
| 2 | 齿轮 | | 咬合、破碎、移位、卡住、噪声、折断、磨损等 |
| 3 | 密封装置 | | 破碎、开裂、老化、变形、损坏、泄漏、破裂、磨损、其他等 |
| 4 | 液压系统 | 液压缸 | 爬行、外泄漏、内泄漏、声响与噪声、冲击、推力不足、运动不稳、速度下降等 |
| | | 油泵 | 无压力、压力流量均提不高、噪声大、发热严重、旋转不灵活、振动、冲击等 |
| | | 电磁换向阀 | 滑阀不能移动、电磁铁线圈烧坏、电磁铁线圈漏电、不换向等 |
| 5 | 机械系统 | | (1) 系统不能启动或在运行中停止运动；<br>(2) 系统失速或空转；<br>(3) 系统失去负载能力或负载乏力；<br>(4) 系统控制失灵；<br>(5) 系统泄漏严重；<br>(6) 系统振动剧烈、噪声异常；<br>(7) 某些零部件断裂、烧损、过量变形；<br>(8) 电、磁导断失调；<br>(9) 其他 |

## 1.2.4　机械设备故障的分类

机械故障的分类有多种方法，包括按故障发生速度分类、按故障的后果分类、按故障的危害程度分类等。

### 1.2.4.1　按故障发生速度分类

按故障发生速度可将故障分为渐发性故障、突发性故障和复合性故障三种。

A　渐发性故障

渐发性故障的主要特征是在给定时间段 $t_1 \rightarrow t_2$ 内，发生故障的概率 $F(t)$ 与设备已经工作过的时间 $t_1$ 有关，使用的时间越长，发生故障的概率就越高。它与材料的磨损、腐蚀、疲劳、蠕变等过程有密切的关系。大多数机器零部件的故障都属于这种类型，通常用监控手段可以预测这类故障。

如图 1-5 所示，若用 $U$ 表示零件损伤量，$t$ 为零件使用时间，$r$ 表示损伤过程速度，则损伤速度 $r = r(t)$ 是时间的函数。

$$r(t) = \frac{\mathrm{d}U}{\mathrm{d}t}$$

而且，损伤是从设备一开始运行就开始的，所以，这类故障的无损时间间隔 $T_{间隔}$ 等于零。但是只有当 $U$ 达到 $U_{max}$ 时故障才发生。

B　突发性故障

突发性故障是由各种不同因素及偶然性的外界影响共同作用的结果。这种作用已超过零件所能承受的限度。如热变形、超负荷等。如图 1-6 所示，无损时间间隔 $t_{间隔}$ 是随机量；损伤速度进行得非常快，损伤速度趋近于无穷大，发生故障的概率 $F(t)$ 与设备使用时间 $t_1$ 无关。由于故障是突然发生的，事先无任何征兆，所以不能通过监控测试手段进行预测。例如，因润滑油中断而使零件产生热变形，因使用不当出现超负荷引起零件折断，因各项参数都达到极限值（载荷最大、温度最高、材料硬度最低等），引起零件的变形和断裂。

C　复合型故障

复合型故障的发生时间是个随机量，与使用过的时间无关，损伤速度 $r = r(t)$ 是时间 $t$ 的函数。如图 1-7 所示。由于零件内部存在应力集中，在受到外界对其作用的巨大冲击（可能是产生疲劳裂纹的根源）后，随着机器的继续使用，裂纹逐渐发展导致折断。

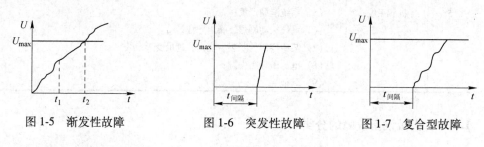

图 1-5　渐发性故障　　　　　图 1-6　突发性故障　　　　　图 1-7　复合型故障

### 1.2.4.2　按故障的后果分类

按故障的后果，可将故障分为功能故障和参数故障。

（1）功能故障：功能故障常是机器的个别零件损坏或卡滞而造成的，因此使机器不能继续完成自己的功能。例如：减速器不能旋转和传递运动，内燃机不能发动，油泵不能供油等。

（2）参数故障：参数故障表现为机器的输出参数（特性）超过极限值。例如：加工精度不高、传动效率低、速度达不到标准值等，可能造成严重经济损失，制造出低劣产品。

### 1.2.4.3　按故障的危害程度分类

按故障的危害程度，可将故障分为灾难性故障、使用性故障和经济性故障。

（1）灾难性故障；

（2）使用性故障；

（3）经济性故障。

企业中采用故障频繁程度等级、影响程度等级和紧急程度三个方面进行综合评定。

### 1.2.5 机械设备事故分析

#### 1.2.5.1 事故分析的意义和目的

事故发生后要迅速组织抢修，特别注意防范次生事故产生。与此同时，要细心观察和调查现场实况、收集保存必要的实物。一般在设备修复正常运行后，要组织相关人员认真地调查分析、综合判断，做好记录存档备案。进行事故原因分析的直接目的是防止同类事故重复发生。事故分析的结论要清晰，原因与责任要准确，并且根据已有的规定（规章制度）进行有章可循的处理。

#### 1.2.5.2 事故分析的方式方法

事故分析一般方法步骤包括现场调查收集资料、综合情况分析原因、定性质下结论、制订整改防范措施、记载备案等。

（1）现场调查收集资料。应在第一时间赶到事故现场，开展事故调查，询问现场负责人和当事人，尤其是设备的使用者。调查内容掌握四点：1）事故发生的准确时间、向上级汇报的时间。2）现场当事人、该设备的维护人和当班维修负责人是谁。3）事故发生的具体地点、设备及零部件名称和损坏位置。4）事故的经过，设备出现了什么异常现象，哪些人员在现场参与了事故处理、如何处理的，等等。

现场调查须注意查看零部件的损伤部位、损伤程度（必要时照相），相关仪器仪表监测指示的即时数据。收集保存必要的遗留实物，如断轴轴头、断齿碎块、合金熔化物、油液等。离开现场后还需要查看相关设备图纸资料、技术档案，尤其是设计制造、投产使用和维修记录、点检记录等。在此整个过程中要注意相关资料与记录的真实性和完整性。

（2）综合情况分析原因。综合情况分析原因的宗旨是以科学的态度进行实事求是的分析。首先要确定参与事故分析会的人员范围，必要时可邀请外单位专业人员参加。事故分析的要领是抓住主要问题、主要矛盾予以综合分析、比较推理。找准实质性的症状，理出该事故可能产生的原因。分析中可借鉴同类型生产单位运转设备状况，借鉴本单位历史上同类型设备的状况。可根据需要对受损零件进行理化测试或技术诊断等，从而科学地找出深层次的内在原因。遇到有争论性的问题时，要注意结合相关技术标准（企标、国标）、结合规章制度要求、结合本单位生产经营现实状况来分析原因。

（3）定性质下结论。在广泛综合各方面的反馈情况，初步明确原因的基础上，需要确定事故的性质和事故责任，汇总结论并简洁明了地写出书面的事故分析报告。该报告需要根据时限规定，由本单位设备管理主管负责人签字后向上一级呈报。"下结论"环节必然要涉及责任问题，需要贯彻两条基本原则——权、责、得相符原则和区域分工负责制原则。

（4）制定整改防范措施。该步骤是比较容易被忽略的一个环节，却又是设备管理上十分重要的一环。一般要求层层讨论，拿出本职本岗整改意见，按管理层次整理出具有可执行性且行之有效的具体措施，书面成文上报。制定整改措施的过程是集思广益、不断进步的过程，也是当事单位、当事人受启发教育的过程。是否制定了整改措施必须在事故分析报告中予以简要说明。

（5）记载备案。该环节是事故分析的收尾步骤。如何记载备案需根据本单位设备管理制度执行。记载备案既是制订设备维修计划的一种依据，也是处理今后同类事故的参考，它对提高企业效率、效益起着重要的作用。记载备案工作应注意其完整性、真实性和标准化，应按统一的规定格式登录。记载备案也是企业贯彻执行国际质量体系标准（ISO9000）认证工作必不可少的重要内容，有必要在起步阶段打好基础。

# 1.3　机械的可靠性和维修性

## 1.3.1　可靠性与可靠度

可靠性（reliability）标志着机械设备在其使用周期内保持所需质量指标的性能，即无故障工作的可能性。

机械设备可靠性随机变化，因为故障是偶然事件，评价可靠性的指标都具有概率性质，用可靠度作为定量尺度。

（1）可靠性：机械设备在规定条件下和规定时间内完成规定功能的能力。

（2）可靠度：机械设备在规定条件下和规定时间内完成规定功能的概率。

可靠性和可靠度定义基本上相同，只是一个表示定性，一个表示定量，其差别一个是"能力"，一个是"概率"。

对这两个定义的理解，应注意具体的对象、规定的条件、规定的时间、规定的功能的具体含义。

A　具体的对象

可靠性的基本目的是尽可能少出故障；可靠度则是与产品的经济性相联系的。对不同的对象有不同的可靠度要求。可靠度高，价格就高。

B　规定的条件

规定的条件指工作环境、运行和维修条件。

C　规定的时间

规定的时间指使用寿命，开始时可靠性高，以后逐渐降低，可靠度与时间有关。

D 规定的功能

规定的功能指保证给定参数处于技术文件规定的范围内。

## 1.3.2 可靠度的计算

A 可靠度函数 $R(t)$

可靠度函数表示：在规定时间间隔内，机械设备不发生故障的概率，以 $R(t)$ 表示。可靠度函数如图 1-8 所示。

例如：一个机械设备由 100 个零件组成，在 $t$ 时间内一个没有坏，完全可靠，此时 $R(t_0) = \dfrac{100 - 0}{100} = \dfrac{100}{100} = 1$，如果在 $t$ 时间内坏 100 个，完全不可靠，此时，$R(t_1) = \dfrac{100 - 100}{100} = \dfrac{0}{100} = 0$，所以，$0 \leqslant R(t) \leqslant 1$。

B 故障概率函数 $F(t)$

故障概率函数又称不可靠度函数，表示在规定时间间隔内机械设备发生故障的概率，以 $F(t)$ 表示。故障概率函数如图 1-9 所示。

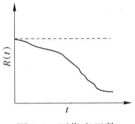

图 1-8 可靠度函数

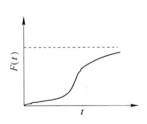

图 1-9 故障概率函数

按上例有

$$F(t_0) = \frac{0}{100} = 0 \qquad F(t_1) = \frac{100}{100} = 1 \qquad 0 \leqslant F(t) \leqslant 1$$

则有

$$F(t) + R(t) = 1 \tag{1-5}$$

即

$$F(t) = 1 - R(t) \tag{1-6}$$

或

$$R(t) = 1 - F(t) \tag{1-7}$$

上面是对连续型变量采用的函数形式。

对离散型随机变量，计算故障概率时取可数的数组，通过试验或观测数据的频率分布来获得。

C　故障频率值 $f_i$（针对离散型随机变量）

频数：每组故障数据的个数，即在 $\Delta t = t_i - t_{i-1}$ 时间间隔内发生故障数目。

故障频率：某组的频数除以总数，称为某组的故障频率，以 $\bar{f_i}$ 表示。

$$\bar{f_i} = \frac{\Delta N_{f_i}}{N} \qquad (1\text{-}8)$$

式中　$\Delta N_{f_i}$——某组的频数；

$\quad N$——试样总数；

$\quad \bar{f_i}$——该组的频率值。

在 $t_i < t_n$ 时间内累积故障数为

$$N_{f_i} = \sum_{i=1}^{i} \Delta N_{f_i} \qquad (1\text{-}9)$$

在 $t_i$ 时间内累积故障频率 $F_i$ 为

$$F_i = \sum_{i=1}^{i} \bar{f_i} = \sum_{i=1}^{i} \frac{\Delta N_{f_i}}{N} = \frac{N_{f_i}}{N} \qquad (1\text{-}10)$$

失效频率：单位时间内的故障频率（针对连续型变量）。

$$f_i = \frac{\bar{f_i}}{\Delta t} = \frac{\Delta N_{f_i}}{N \Delta t} \qquad (1\text{-}11)$$

D　失效密度函数 $f(t)$

某一时刻的失效频率相当于前面的 $f_i$（针对连续型变量）。

$$f(t) = \frac{\mathrm{d}n(t)}{N\mathrm{d}t} \qquad (1\text{-}12)$$

式中　$n(t)$——故障分布函数，即 $t$ 时刻的故障数（频数），相当于 $N_{f_i}$。

那么，对连续型变量，故障概率函数 $F(t)$ 就相当于前面的 $F_i$，则有

$$F(t) = \frac{n(t)}{N} \qquad (1\text{-}13)$$

因为
$$f(t) = \frac{\mathrm{d}n(t)}{N\mathrm{d}t}$$

所以
$$\frac{\mathrm{d}n(t)}{N} = f(t)\,\mathrm{d}t$$

则有

$$\mathrm{d}F(t) = f(t)\,\mathrm{d}t$$

所以
$$f(t) = \frac{\mathrm{d}F(t)}{\mathrm{d}t}$$

$$F(t) = \int_0^t f(t)\, \mathrm{d}t \tag{1-14}$$

$$R(t) = 1 - F(t) = 1 - \int_0^t f(t)\, \mathrm{d}t \tag{1-15}$$

对于失效密度函数有

$$\int_0^\infty f(t)\, \mathrm{d}t = 1 \tag{1-16}$$

E  失效率

在工作时间 $t$ 尚未失效，在时间 $t$ 后的单位时间内发生失效的概率，称为系统在时刻 $t$ 的失效率（故障率）。

失效率函数记为 $\lambda(t)$。$\lambda(t)$ 愈大，失效可能性愈大，可靠性愈小。

失效率 $\lambda(t)$、可靠度 $R(t)$ 及失效密度函数 $f(t)$ 之间的关系：

$$R(t) = \mathrm{e}^{-\int_0^t \lambda(t)\, \mathrm{d}t} \tag{1-17}$$

若 $\lambda(t) = \lambda$ 常数，则

$$R(t) = \mathrm{e}^{-\lambda t} \tag{1-18}$$

$$\lambda(t) = \frac{f(t)}{R(t)} \tag{1-19}$$

F  平均寿命 $\bar{t}$

平均工作时间即随机变量寿命的期望值。

$$\bar{t} = \int_0^\infty R(t)\, \mathrm{d}t \tag{1-20}$$

由于

$$R(t) = 1 - F(t)$$

所以

$$\frac{\mathrm{d}R(t)}{\mathrm{d}t} = -\frac{\mathrm{d}F(t)}{\mathrm{d}t} = -f(t)$$

若 $\lambda(t) = \lambda$ 常数，则 $R(t) = \mathrm{e}^{-\lambda t}$

$$\bar{t} = \int_0^\infty \mathrm{e}^{-\lambda t}\, \mathrm{d}t = -\frac{1}{\lambda}\mathrm{e}^{-\lambda t}\,\Big|_0^\infty = \frac{1}{\lambda} \tag{1-21}$$

若已知平均寿命 $\bar{t}$，则

$$\lambda = \frac{1}{\bar{t}}$$

**例 1-1**  对一批零件进行疲劳试验，抽试样总数 $N = 90$，将测定发生故障的时间分成若干区间，并依次排列，见表 1-3，计算 $\bar{f}_i$、$F(400)$ 和 $R(400)$（要求：计算结果百分数的小数点后至少保留一位小数）。

表 1-3　零件疲劳测试数据

| 区间/h | 0～100 | 101～200 | 201～300 | 301～400 |
|---|---|---|---|---|
| 失效数 | 4 | 21 | 30 | 25 |

**解：** ① $t = 400\text{h}$ 内的故障频率

$$\bar{f}_i = \frac{\Delta N_{f_i}}{N}, \quad \bar{f}_1 = \frac{4}{90} = 4.44\%, \quad \bar{f}_2 = \frac{21}{90} = 23.33\%,$$

$$\bar{f}_3 = \frac{30}{90} = 33.33\%, \quad \bar{f}_4 = \frac{25}{90} = 27.78\%$$

② $t = 400\text{h}$ 累积的故障数

$$N_{f_i} = \sum_{i=1}^{i} \Delta N_{f_i}, \quad N_{f_1} = 4, \quad N_{f_2} = 4+21 = 25, \quad N_{f_3} = 25+30 = 55, \quad N_{f_4} = 55+25 = 80$$

③ $t = 400\text{h}$ 内累积故障频率

$$F(400) = \sum_{i=1}^{4} \Delta \bar{f}_i = 0.444 + 0.2333 + 0.3333 + 0.2778 = 0.8889 = 88.89\%$$

或
$$F(400) = \frac{N_{f_i}}{N} = \frac{80}{90} = 0.8889$$

④ $t = 400\text{h}$ 可靠度

$$R(400) = \frac{N - N_{f_4}}{N} = 1 - \frac{N_{f_4}}{N} = 1 - F(400)$$

$$= 1 - 0.8889 = 0.111 = 11.1\%$$

**例 1-2**　设某元件失效密度函数 $f(t) = \lambda e^{-\lambda t}$，失效率 $\lambda$ 为常数，若它的平均寿命为 5000h，试求其失效率和使用 125h 后的可靠度（百分数的小数点后至少保留一位小数）。

**解：** ① $R(t) = \dfrac{f(t)}{\lambda(t)} = \dfrac{\lambda e^{-\lambda t}}{\lambda} = e^{-\lambda t}$

② $\lambda = \dfrac{1}{t} = \dfrac{1}{5000} = 2 \times 10^{-4}\text{h}^{-1}$

③ $R(125) = e^{-\lambda t} = e^{-2 \times 10^{-4} \times 125} = 0.975 = 97.5\%$

**例 1-3**　某元件可靠度服从指数分布 $R(t) = e^{-\frac{t}{2000}}$，求平均寿命和使用后 200h 的可靠度（百分数的小数点后至少保留一位小数）。

**解：** ①平均寿命

$$\bar{t} = \frac{1}{\lambda} = \frac{1}{\dfrac{1}{2000}} = 2000\text{h}$$

②$t = 200h$ 的可靠度

$$R(200) = e^{-\frac{t}{2000}} = e^{-\frac{200}{2000}} = e^{-0.1} = 0.905 = 90.5\%$$

### 1.3.3 维修性

评价机械设备使用性能时，一方面，要考虑这些设备从开始工作到发生故障这段时间的可靠度和工作寿命；另一方面，还要考虑一旦发生故障是否可以在较短时间内经过修理恢复到原来的工作状态，后者为机械设备所具有的维修性。

（1）维修（maintenance）：为保持和恢复机械设备完成规定功能的能力而采取的技术、管理措施，称为机械设备的维修。

（2）维修性：在规定的条件下和规定的时间内，按规定的程序和方法进行维修时，保持和恢复到完成规定功能的能力，称为该设备的维修性。

（3）维修度：在规定的条件下和规定的时间内，按规定程序和方法进行维修时，保持和恢复到能完成规定功能的概率，称为该设备的维修度。

设备维修受很多因素影响。从机械设备和零件的本身而言，能否进行维修及其难易程度和性质（易接近性、标准化程度、可测试性、结构合理性）都是在设计和安装过程中确定的。维修性设计的最高目标为达到无维修，实现无维修设计。

维修时间是一个随机变量，描述维修时间概率分布尺度用维修度表示。维修性表示定性概念；维修度表示定量尺度。

### 1.3.4 维修性基本函数

A 维修度函数 $M(t)$

维修度是表示可维修系统在规定条件下进行维修并在规定时间内完成维修的尺度。它是在 $\tau \leqslant t$ 时间内完成维修的概率，$M(t)$ 愈大，愈易维修。

$$t = 0, \quad M(t) = 0; \quad t = \infty, \quad M(t) = 1$$

B 不可维修度函数 $G(t)$

$\tau > t$ 时，没有完成维修的概率。

$$t = 0, \quad G(t) = 1; \quad t = \infty, \quad M(t) = 0$$

$$G(t) = 1 - M(t) \tag{1-22}$$

C 维修密度函数 $m(t)$

$$m(t) = \frac{dM(t)}{dt} \tag{1-23}$$

$$M(t) = \int_0^t m(t)dt \tag{1-24}$$

D 修复率 $\mu(t)$

$$\mu(t) = \frac{m(t)}{G(t)} = \frac{m(t)}{1 - M(t)} \tag{1-25}$$

则

$$M(t) = \frac{\mu(t) - m(t)}{\mu(t)} \tag{1-26}$$

若 $\mu(t) = \mu$ 为常数，则 $G(t) = e^{-\mu t}$，那么

$$M(t) = 1 - G(t) = 1 - e^{-\mu t} \tag{1-27}$$

E　平均修复时间 $\overline{t}'$

$$\overline{t}' = \frac{各次修复时间总和}{修理次数}$$

当修复率 $\mu$ 为常数时，有

$$\mu = \frac{1}{\overline{t}'} \tag{1-28}$$

**例 1-4**　维修密度函数 $m(t)$ 按指数分布 $m(t) = \mu e^{-\mu t}$，在某时间间隔内设备共进行 4 次修理，其时间为 5、3、6、10h，求设备在 10h 修复的维修度。

**解：**①求 $\overline{t}'$

$$\overline{t}' = \frac{各次修复时间总和}{修理次数} = \frac{5 + 3 + 6 + 10}{4} = 6h$$

②求 $\mu$

$$\mu = \frac{1}{\overline{t}'} = \frac{1}{6}$$

③求 $M(10)$　　$M(t) = \frac{\mu(t) - m(t)}{\mu(t)} = 1 - e^{-\mu t}$

$$M(10) = 1 - e^{-\mu t} = 1 - e^{-\frac{10}{6}} = 0.811 = 81.1\%$$

### 1.3.5　机械设备的有效度

机械设备的有效度（availability）：从开始工作到发生故障（可靠性问题），从发生故障后到进行维修（维修性问题），把两个阶段（见图 1-10）的可靠度和维修度结合起来，用一个统一尺度来评价全部过程中有效工作的程度，就是机械设备的有效度（有效利用率），用 $A$ 表示。

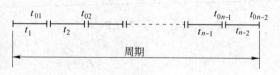

图 1-10　机械设备工作的一个周期

$$A = \frac{MTBF}{MTBF + MTTR} \times 100\% \tag{1-29}$$

式中　$MTBF$——平均故障间隔期（可靠度尺度），即平均工作时间：

$$MTBF = \frac{\sum t_i}{n} = \frac{t_1 + t_2 + \cdots + t_n}{n}$$

$t_i$——工作时间；

$MTTR$——平均维修时间（维修度尺度），即平均故障时间：

$$MTTR = \frac{\sum t_{0i}}{n} = \frac{t_{01} + t_{02} + \cdots + t_{0n}}{n}$$

$t_{0i}$——停机维修时间。

**例1-5**　某台设备运转10000h，在此期间共发生10次故障，每次处理故障的时间平均9h，计划检修时间共计300h，试求这台设备的有效度。

**解：**

$$MTBF = \frac{10000}{10} = 1000h$$

$$MTTR = \frac{300 + 9 \times 10}{10} = 39h$$

$$A = \frac{MTBF}{MTBF + MTTR} \times 100\% = 96\%$$

# 1.4　机械零件的失效

机械设备的宏观性能的变化经常是由于零件或材料的失效引起的。

常见的失效类型有：磨损失效、变形失效、断裂失效和腐蚀失效。

## 1.4.1　磨损失效

据统计，机械设备故障模式中60%~80%是由磨损失效造成的，所以磨损失效最为常见。

### 1.4.1.1　磨损

磨损是指伴随摩擦产生的表面材料微量损失的现象。

磨损会降低机械设备的运动精度，甚至会使机器完全丧失工作能力；磨损会缩短机器寿命；增加维修时间和费用；增加材料消耗。

磨损并不总是坏事。例如机器跑合阶段的磨损、利用磨损原理进行的机械加工（如研磨、抛光、磨削）等，都是利用磨损为生产服务的。

常用的机械磨损理论有黏着理论和分子-机械理论。

### 1.4.1.2　摩擦

摩擦是指两个相互接触的物体，在外力作用下，发生相对运动或有相对运动趋势时，在接触面间产生切向运动阻力的现象。

摩擦力是指摩擦时产生的切向阻力的大小。

摩擦学是研究摩擦、磨损与润滑的学科。

摩擦通常用分子-机械学说来解释，即，摩擦力是由机械阻力和分子引力构成，对于粗糙的接触面，机械阻力是摩擦力的主要构成部分；对于光洁的表面，分子引力是摩擦力的主要构成部分。

机械阻力是指当不平滑的两个表面接触时，表面上的凹凸相互咬合，要想使之相对滑动，必然沿着凸部反复地被抬起，或者使凸部变形或破碎，此时所表现出的阻力称为机械阻力。

机械阻力和分子引力的大小是此消彼长的，因此在确定载荷条件下，常常存在一个最佳的粗糙度。表面粗糙度高于或低于最佳粗糙度，摩擦力都是增大的。

摩擦有很多不同的分类方法，其中常见的是按运动方式或润滑状况来分类。

（1）按摩擦副的运动方式分三类：滑动摩擦、滚动摩擦和混合摩擦。

1）滑动摩擦：摩擦副之间作相对滑动时所表现出的摩擦。

2）滚动摩擦：摩擦副之间作相对滚动时所表现出的摩擦。

3）混合摩擦：摩擦副之间既有相对滑动，又有相对滚动时所表现出的摩擦。如齿轮的啮合面之间的摩擦就是混合摩擦。

（2）按摩擦副间的润滑状态分为五类：干摩擦、半干摩擦、边界摩擦、半液体摩擦和液体摩擦。

1）干摩擦：摩擦副表面间完全没有润滑介质或其他杂质存在时所表现出的摩擦，称为干摩擦。

2）液体摩擦：摩擦副两表面间完全被润滑介质隔开，彼此间不发生直接接触的摩擦叫做液体摩擦。

3）边界摩擦：摩擦副两表面间只有一层很薄（$0.1\mu m$ 以下）的连续油膜存在时所产生的摩擦，称为边界摩擦。

4）半干摩擦：摩擦副两表面间部分被很薄的油膜分开，部分直接接触，这种介于干摩擦和边界摩擦之间的一种摩擦方式，称为半干摩擦。其特性取决于边界摩擦和干摩擦所占的比例。

5）半液体摩擦：介于液体摩擦与边界摩擦之间的一种摩擦形式，称为半液体摩擦。其特性取决于液体摩擦和边界摩擦所占的比例。

### 1.4.1.3　磨损的类型

根据导致磨损的主要原因，可将磨损分为以下四类：磨料磨损、黏着磨损、疲劳磨损和腐蚀磨损。

A　磨料磨损（abrasive wear）

磨料与零件表面相对运动，作用在磨料上的力可以分解为垂直于表面的分力和平行于表面的分力。

垂直于表面的分力使磨料嵌入表面：对于塑性好的材料表面，像测硬度一样，产生大量密集的压痕，反复作用后，产生疲劳破坏；对于脆性材料，表面不发生变形就产生脆性破坏。

平行于表面的分力使磨料产生切向运动，导致表面被刻划、切削而留下沟槽：对于塑性材料，磨料切削会在摩擦表面上切下一条切屑；对于脆性材料，一次就从表面上切下许多碎屑。

磨料磨损的主要影响因素有磨料粒度、磨料的几何形状、磨料的硬度和压力等。

a  磨料粒度对磨损量的影响

磨损量随粒度增大而增加。但增大到临界尺寸以后，磨损速率保持不变。

b  磨料的几何形状对磨损量的影响

尖锐的磨料磨损速率高，但当磨料被磨钝后，磨损速率下降，若磨料被磨碎，磨损速率又会增加。

c  磨料硬度对磨损量的影响

磨料的硬度远远超过零件的硬度时，影响不大。

硬度相当时有影响：磨料硬度低于零件的硬度，差值增大，磨损速率下降；略高于零件的硬度，磨损严重。

因此，用表面强化的办法使零件的硬度达到或超过磨料的硬度，可以提高零件的耐磨性。但硬度高的材料，韧性下降，脆性增加，会带来不良后果。

d  压力对磨损量的影响

磨损速率与压力成正比，对同样材料制成的零件，压力减小一半，寿命提高1倍。

常用的减轻磨料磨损的措施包括：减少磨料的进入，增强零件的抗磨性。

为了减少磨料的进入，可以配备高效、高容的空气滤清器及燃油、机油滤清器；增加用于防尘的密封装置如毡圈密封件等；在润滑系统中装入磁铁、集屑房及油污染程度指示器；经常清理更换空气、燃油、机油滤清装置。

为了增强零件的抗磨性，可以采用热处理和表面处理方法改善零件材料的性质，提高表面硬度，尽可能使表面硬度超过磨料硬度。

选用耐磨性能好的材料。对于要求耐磨又有冲击载荷作用的零件，可采用中碳钢淬火、低温回火、得到马氏体钢的办法使零件既具有耐磨性，又具有较好的韧性。

选用一硬一软的摩擦副，使磨料被软材料所吸收，减少磨料对重要、价高材料的磨损。例如，蜗轮一般采用铸铁、铸造青铜、锡青铜、铝青铜等软材料，而蜗杆一般采用碳钢或合金钢等硬材料。

注意在磨料磨损和腐蚀磨损同时存在的摩擦副中，仅用提高摩擦副的硬度，而较少考虑提高耐蚀性的情况下，往往会使磨损加剧。如通过热处理或选用中高碳淬火钢作酸性砂泵的耐磨材料，其磨损速率比低硬度耐蚀性较好材料的磨损速率更大。

B  黏着磨损（adhesive wear）

黏着磨损：构成摩擦副的两个摩擦面，在相对运动时，由于黏着作用，使一个表面上的材料转移到另一个表面上所引起的磨损，称为黏着磨损。

摩擦副在重载条件下工作，由于润滑不良，相对运动速度高、摩擦产生的热量来不及散掉，摩擦副表面产生极高的温度，材料表面强度降低，使承受高压的表面凸起部分相互黏着，继而在相对运动中被撕裂下来，使材料从强度低的表面上转移到材料强度高的表面上，造成摩擦副的灾难性破坏，如咬死或划伤。

黏着磨损的主要影响因素有摩擦副的表面状态、摩擦副材料表面成分与组织等。

a　摩擦副表面状态

摩擦表面洁净，无吸附膜，易发生黏着磨损。可使用适当的润滑剂。

b　摩擦副材料表面成分与组织

构成摩擦副的两摩擦表面的材料相互间形成固溶体的趋势，直接和黏着磨损有关，两者愈易形成固溶体或金属间化合物，愈易发生黏着磨损。所以同类金属或原子结构、晶体结构相近的材料，比性质有明显差异的材料构成的摩擦副更易发生黏着磨损。因此选用性质差异大的材料构成摩擦副，是降低黏着磨损的有效途径。在摩擦副的一个表面上覆盖铅、锡、银、铟或者软的合金都可以提高抗黏着磨损的能力。如巴氏合金等常用作轴承衬瓦的表面材料，就是为了提高其抗黏着磨损的能力。

C　疲劳磨损（fatigue wear）

疲劳磨损：摩擦副材料表面上局部区域在循环接触应力作用下产生疲劳裂纹，由于裂纹扩展并分离出微片和颗粒的一种磨损形式，称为疲劳磨损，也称为接触疲劳磨损。

根据摩擦副间的接触和相对运动方式，可将疲劳磨损分为：滚动接触疲劳磨损和滑动接触疲劳磨损。

滚动接触疲劳磨损的特点是经过一定次数的循环接触应力的作用，麻点或脱落才会出现。

滚动轴承、传动齿轮等有相对滚动摩擦副表面间出现的点和脱落现象都是由滚动接触疲劳磨损造成的。

实际上，纯滚动接触疲劳磨损是比较少见的，大多数情况下含有滑动成分。

滑动接触疲劳磨损是指作用于表面上的污秽载荷会使表面产生压平或压入，触点区产生相应的应力和应变，摩擦运动时的反复作用造成了触点处结构、应力状态的不均匀和应力集中，从而造成裂纹的萌生与扩展，最终使部分表面材料以微粒形式从表面脱落，形成磨屑。

凡是影响裂纹萌生扩展的因素都对接触疲劳磨损有影响，影响滚动接触疲劳磨损的主要因素包括材质、粗糙度、表面应力状态、配合精度的高低、润滑油的性质等。

a　材质

钢中非金属夹杂物的存在易引起应力集中，在这些夹杂物的边缘形成裂纹，从而使疲劳磨损易于发生。

材料的组织状态、内部缺陷等对磨损也有重要影响。通常晶粒均匀、细小、碳化物体小且分布均匀的组织抗疲劳裂纹产生的能力强。

硬度在一定范围内增加，其抗疲劳磨损的能力增加，因此对轴承钢的表面和传动齿轮啮合面都要求其硬度在 HRC60 左右，摩擦副各表面的最佳硬度应根据工况和运动方式不同通过实验来确定，对于已磨损的摩擦副的修复，用实验的方法来确定各表面的最佳硬度值，对于多数机修部门来说是有困难的。多数情况下，使修复后各表面的硬度与原始值相近，即可认为这种修复方式是可行的。

b 粗糙度

实践表明，在一定范围内降低表面粗糙度是提高抗疲劳磨损能力的有效途径。

例如：滚动轴承表面粗糙度 $Ra$ 由 $0.4\mu m$ 降低到 $0.2\mu m$ 时，使用寿命提高 2~3 倍；粗糙度 $Ra$ 由 $0.2\mu m$ 降低到 $0.1\mu m$ 时，使用寿命提高 1 倍。粗糙度 $Ra$ 继续减小，对使用寿命的影响较小。

D 腐蚀磨损（corrosive wear）

腐蚀磨损是指在腐蚀性环境中，摩擦表面上发生的比单纯机械摩擦损失与单纯腐蚀损失之和高得多的一种破坏形式。

腐蚀磨损的主要特点是磨损过程中既有机械摩擦起作用，又有腐蚀破坏起作用，表现出极高的磨损速率。通常是摩擦为腐蚀发生提供了新鲜的金属表面，腐蚀改变了金属表面的性质，使摩擦造成的磨损速度加快。

根据腐蚀介质的特性，通常将腐蚀磨损分为：氧化磨损和特殊介质中的腐蚀磨损。

a 氧化磨损

在摩擦过程中摩擦表面在空气中氧或润滑剂中氧的作用下所生成的氧化膜很快被机械摩擦去除的磨损形式，叫做氧化磨损。

b 特殊介质中的腐蚀磨损

在摩擦过程中，环境中的酸、碱等电解质作用于摩擦表面上所形成的腐蚀产物迅速被机械摩擦所除去的磨损形式，叫做特殊介质中的腐蚀磨损。

#### 1.4.1.4 零件磨损的特性

机器在工作中各机件磨损发展情况随工作条件而异，但所有机件磨损的发展却有着共同的规律。

图 1-11 是零件的磨损量 $W$ 随时间 $t$ 增长的变化曲线，称磨损特性曲线。

它表示了机件在设计制造合理，且在正常工作条件下，磨损增长的情况。

从图 1-11 可以看出，曲线分三个明显的部分，根据曲线的特性可将磨损分为三个阶段：

　　*OA* 段为磨合（初期）磨损时期：磨损速率下降。由于新加工零件表面比较粗糙，因此零件的磨损十分迅速，随着时间的延长，表面粗糙度下降，实际接触面增大，凸起部分磨平所造成的塑性变形导致冷作硬化，所以磨损速率逐渐下降，且具有最低的数值。

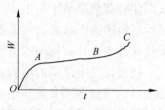

图 1-11　磨损特性曲线

　　*A* 点愈靠近 *O* 点愈好，这样就可以在短时间内以最低的磨损量达到磨合要求。选用合适的磨合载荷、相对运动速度、润滑条件等参数是尽快达到正常磨损的关键。

　　*AB* 段为正常（工作）磨损时期（或叫自然磨损时期）：磨损呈直线缓慢上升，磨损速率小且稳定。该时间的长短称为零件修理前的使用寿命。一切可延长该阶段持续时间的措施都有利于减轻零件的磨损，提高零件的使用寿命。合理地保养与维护是延长零件使用寿命的关键。

　　*BC* 段为强烈（事故或急剧）磨损时期：磨损速率迅速增加。这是由于工作条件恶化、零件几何尺寸改变、配合间隙增大、润滑条件改变，并附加冲击作用存在造成的。在这种情况下，磨损加剧、零件迅速破坏，有可能出现大事故。因此及时发现和修理即将进入该阶段工作的零部件具有十分重要的意义。

### 1.4.1.5　减轻磨损的措施

　　影响磨损的主要因素有：摩擦副的相对运动速度及压力、润滑情况、工作温度、零件材质、表面加工质量及配合间隙等。

　　因此，为了减轻磨损，就必须采取措施来保证上述参数在合理的设计和使用范围内。

　　在润滑状态良好的情况下，零件相对运动速度越高，越易形成液体摩擦，磨损越轻微。

　　若润滑不良，速度愈高，磨损愈严重。因此，避免长时间在高速、过载及有冲击载荷条件下工作，可减轻零件的磨损。

　　润滑状况的好坏直接影响零件的磨损行为，若能保证零件在液体摩擦状态下工作，则可以不考虑磨损问题。但实际上，零件工作时，绝大多数是介于边界摩擦和液体摩擦之间，因此，改善润滑使摩擦副间形成具有一定厚度和承载能力的油楔，对于促进载荷均匀分布，降低微凸处的单位压力大有好处，从而可以减轻磨损。

　　工作环境温度对润滑油的油性有明显的影响，温度升高会使油的吸附能力下降，黏度降低，化学稳定性变差。安全温度多为 50～60℃，当温度升高到 150～200℃时，油膜会破坏，摩擦会向边界摩擦或干摩擦方向转化，使磨损加快。因此，改善零件的工作环境，对减轻磨损很有好处。

　　零件材料的机械性能对于不同形式的磨损都有影响。

零件表面的加工质量包括宏观几何形状和表面粗糙度甚至刀痕方向都对磨损有影响。对于每一种载荷，都存在一个最佳的粗糙度，粗糙度过低或过高，都会使磨损增加。

配合间隙对磨损量的影响也很大，一般来说，间隙不应过小，也不应过大。间隙过小，不易形成液体摩擦，摩擦热也不易散去，易出现黏着磨损和咬死现象；间隙过大也不易形成液体摩擦，还会由于出现振动而引入冲击载荷。因此当配合间隙达到一定程度时，应及时修理，恢复原有的配合间隙。

### 1.4.2　零件变形失效

金属受力产生的变形可分为两个阶段：弹性变形阶段和塑性变形阶段。

弹性变形阶段，应变与应力之间呈线性关系；应力消失后，变形完全消失。

塑性变形阶段：应变与应力呈非线性关系；应力消失后，变形不能完全消失，总有一部分被保留下来；此时，材料的组织和性能都会发生相应的变化。

#### 1.4.2.1　金属的弹性变形

关于弹性变形问题，应了解两种效应：包申格效应和弹性后效。

A　包申格效应

当对一个试件预先加载变形，然后再同向加载变形时，弹性极限升高；反向加载变形时，弹性极限降低。这种现象被称为包申格效应。

例如：退火黄铜轧材试样最初拉伸弹性极限为240MPa，最初压缩弹性极限为176MPa；经最初压缩后的试样，得到0.17%的残余压缩变形，若再给予第二次压缩，则压缩弹性极限升为287MPa；若对试样第二次加载不是压缩、而是拉伸，则拉伸弹性极限大大降低，只有85MPa，如表1-4所示。包申格效应对研究金属的疲劳问题很重要。

表1-4　金属包申格效应

| 项　　目 | 第一次加载 | 第二次加载 | 拉伸弹性极限 /MPa | 压缩弹性极限 /MPa |
|---|---|---|---|---|
| 最初 | | | 240 | 176 |
| 两次加载 | 压缩 | 压缩 | | 287↑ |
| | 压缩 | 拉伸 | 85↓ | |

包申格效应的消除办法：给予较大的残余塑性变形，或是在引起金属恢复或再结晶的温度下退火（钢在400~500℃以上，铜合金在250~270℃以上）。

B　弹性后效

把弹性极限以内一定大小的力，骤然加到金属试样上或骤然去除时，试样立即产生或立即消失的应变总落后于应力的现象，就叫做弹性后效。如图1-12所示。

图 1-12 中，坐标 $\sigma$ 表示拉应力，坐标 $\varepsilon$ 表示应变，坐标 $t$ 表示时间，$OE$ 表示拉应力作用下的应变（$\varepsilon$）与时间（$t$）的变化关系，$OK$ 为应变达到总应变时持续时间长短，$EG$ 表示拉应力去除后，在恢复过程中应变（$\varepsilon$）与时间（$t$）的变化关系，$KG$ 为弹性恢复过程持续时间的长短。

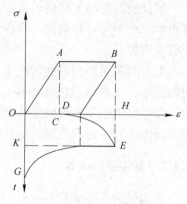

图 1-12　弹性后效示意图

弹性后效的影响因素：材料的性质、应力的大小及应力状态、温度等。金属组织结构愈不均匀、作用力愈大、温度愈高，则弹性后效愈大。剪应力引起的弹性后效最显著。

单晶体金属不存在弹性后效或其作用很小，但实际的金属都是多晶体。

消除弹性后效的办法：长时间回火，钢的回火温度是 300~450℃。

弹性后效在工程修理中有着实际意义，如经过校直的零件（如曲轴），经过一段时间之后，又会发生弯曲，就是弹性后效的表现，所以校直后的零件应进行回火处理。

### 1.4.2.2　金属的塑性变形

单晶体在剪切力作用下才产生塑性变形，其变形过程有两种方式：滑移和孪生。

多晶体由于相邻晶粒的位向不同，又存在晶界，其塑性变形比较复杂。总之，晶粒愈细，金属的强度和硬度愈高，塑性和韧性也愈好。

塑性变形对金属组织和性能的影响表现为两种现象：加工硬化和残余内应力。

A　加工硬化

在塑性变形过程中，金属随变形程度的增加，强度和硬度提高，而塑性和韧性下降，这种因冷变形加工引起金属强化的现象，称为加工硬化。

除机械性能外，在冷变形过程中，还发生某些物理、化学性能的变化，如电阻增加、耐蚀性降低等。

加工硬化在实际生产中的意义：

（1）可利用加工硬化提高金属的强度。

（2）加工硬化可以保证金属结构和零件的工作安全：金属构件在承受载荷时，其内部应力的分布由于种种原因不可能很均匀，往往在局部区域产生应力集中，它与工作应力叠加起来形成的应力峰值，可能大大超过材料的屈服极限，并引起塑性变形。如果没有加工硬化效应，该部位可能因不断地产生变形而失效或断裂；因为有了加工硬化，阻止了局部区域变形的发展，同时又由于塑性变形使应力松弛（改变了应力的分布状态），从而减少了应力集中。

（3）不利方面：消耗的动力增加，变形量受限制。

消除办法：进行中间退火，以便继续加工，但会增加成本，延长生产周期。

B　残余内应力

残余内应力是指金属经过冷变形加工后，除了发生组织和性能的变化外，由于各部分不均匀的变形，还会产生残余内应力。

残余内应力可分为以下三类：

（1）第一类宏观内应力：因金属各部分变形不均匀引起，发生在宽范围内的内应力，称为宏观内应力。如冷轧板表面变形量比内部变形量大，但由于钢板内外层是相互牵制的，因此，表面和内部产生了方向相反、大小相等的内应力。

（2）第二类晶间内应力：金属冷塑性变形，因晶粒或亚晶粒变形不均匀引起。

（3）第三类晶格畸变内应力：由于在晶体缺陷附近引起晶格畸变而产生，它是金属塑性变形时产生的最主要的内应力。

残余内应力的害处表现为，由于残余内应力的存在，使金属弹性内能增加，金属处于不稳定状态。以后加热和切割时，由于内应力释放而产生变形或开裂。

残余内应力的消除办法是进行时效处理：

（1）自然时效处理：铸造件或焊接件放置一年或更长时间，可使内应力消除。因时间长，生产上较少采用。

（2）人工时效处理：退火或振动。

铸件的退火处理：把铸件加热到接近塑性状态的温度，保温一段时间，使铸件在残余应力作用下发生塑性变形，达到消除内应力的目的，然后再缓慢冷却。

零件在使用中变形的原因主要表现为以下几个方面：

（1）毛坯制造方面：零件在高温冷却产生变形。

（2）机械加工方面：切去零件表面后破坏了内应力的平衡，由于内应力重新分布，零件将发生变形；在切削过程中，由于切削力和切削热作用，零件的表面层会发生极大的塑性变形，因而产生内应力。

（3）修理质量方面：没有考虑零件已发生的变形而增大变形；机械修理中许多修复工艺，如焊接、堆焊、压力加工等，都能产生新的应力和变形。如：堆焊中热应力和相变应力的作用，压力加工时弹性后效和内应力松弛等。

（4）使用方面：环境恶劣、极限载荷、温度过高、超负荷，或者操作不当引起温升过高，也会增加蠕变变形。

（5）设计方面：零部件布置不合理，也会造成变形。

引起零件变形的主要原因有：外载荷、温度、残余内应力、材料内部缺陷等。

　　减轻变形危害可以从以下几方面入手。

　　（1）设计方面：

　　1）充分考虑如何实现机构的动作和保证零件的强度；

　　2）充分考虑零件的刚度、变形以及所设计的零件在制造、装配和使用中会发生什么问题；

　　3）合理地布置各零部件，改善零件的受力状况，可以减少变形；

　　4）尽量使零件壁厚均匀，可以减少热加工时的变形。

　　（2）制造方面：

　　1）制定毛坯制造工艺时，要重视变形问题，采取各种措施以减少毛坯的残余应力；

　　2）毛坯制成后以及在以后的机械加工过程中，必须安排足够的消除内应力的工序；

　　3）在机械加工中，把粗加工和精加工分开，留出存放时间；

　　4）机械加工中，尽量保留工艺基准，留给修理时使用，可以减少修理加工中因基准不一造成的误差。

　　（3）修理方面：

　　1）大修时不能只检查配合面的磨损情况，对于相互位置精度也必须认真检查和修复；

　　2）应制定合理的检修标准，并且应该设计出简单、可靠、容易操作的专用量具和专用卡具；

　　3）大修时合理选择定位基准；

　　4）注意热加工或压力加工时，采取措施减少应力和变形。

　　（4）使用方面：

　　1）正确安装设备，使各部件尽可能地承受不应有的持续应力的作用。如：安装机床时，要检测几个方向的水平，否则，会由于存在不应有的安装应力，导致部件变形。

　　2）移动部件停机时的位置应适当。如车床拖板停机时应放在尾部，冲床的冲头停机时落在垫块上都有利于减轻变形。

　　3）精密机床不能用于粗加工，以防由于过载引起精密零件变形，导致精度下降。

　　4）恰当存放备品备件。如丝杆、轴等零件应垂直存放，这样可以防止变形的产生。

### 1.4.3　零件断裂失效

　　断裂常见的分类形式有以下四种：韧性断裂与脆性断裂、解理断裂与切变断裂、穿晶断裂和晶界断裂、一次加载断裂与反复加载断裂。

### 1.4.3.1 韧性断裂与脆性断裂

韧性断裂：零件在断裂之前有明显的塑性变形并伴有颈缩现象的一种断裂形式，称为韧性断裂。

引起金属韧性断裂的实质：实际应力超过了材料的屈服强度所致。

分析失效原因：应从设计、材质、工艺、使用载荷、环境等角度考虑问题。

脆性断裂：零件在断裂之前无明显的塑性变形，发展速度极快的一种断裂形式，称为脆性断裂。

引起金属脆性断裂的原因：由于试件在外力作用下，位错移动到晶界处受阻而在晶界前堆积起来，并在晶界前形成显微裂纹。在这种裂纹的尖端会形成很大的应力集中，由于材料的塑性差，集中的应力不能通过塑性变形释放，结果迫使裂纹不断扩大，最终导致材料的脆性断裂。

脆性断裂事故的基本特征：

（1）脆断时结构承受的工作应力较低，通常不超过材料的屈服强度，甚至不超过常规设计所确定的许用应力。有时也称这类破坏为低应力脆性破坏。

（2）断口平直、光亮，并与拉应力方向相垂直，没有或只有微小的屈服及减薄现象。

（3）断裂前无征兆，断裂是瞬时发生的。

出现上述现象的实质是：这种低应力脆断大多是由于在构件内部存在具有宏观尺寸的裂纹源的扩展造成的。这些裂纹源可能是由材料中早已存在的各种缺陷（裂纹、夹渣）、结构的不连续处（如形状、板厚突变）或不良的表面加工质量产生，这些裂纹源表现出明显的缺口效应。在这种情况下，整个结构所受的平均应力虽然不大，但在裂纹尖端可产生很大的应力集中，局部应力大大超过材料的强度极限，使裂纹迅速扩展，最终导致整个构件的迅速破坏。

### 1.4.3.2 解理断裂与切变断裂

解理断裂：通常在拉应力作用下，严格地沿着某些结晶学平面（解理面）发生的断裂，称为解理断裂。

切变断裂：通常在切应力作用下，伴随有大量塑性变形，沿着滑移面且顺着滑移方向发生滑移而使晶粒分离的一种断裂形式，称为切变断裂。其多呈韧性断裂特征。

### 1.4.3.3 穿晶断裂和晶界断裂

穿晶断裂：裂纹割断晶粒的断裂形式，韧性断裂或脆性断裂都是穿晶断裂。

晶界断裂：沿着晶界断裂。晶界断裂往往是脆性断裂，韧性的晶界断裂只有在高温蠕变中才能发生。

### 1.4.3.4　一次加载断裂与反复加载断裂（疲劳断裂）

每一个零件都必然带有从原子位错到肉眼可见宏观裂纹等不同大小、不同性质的缺陷，根据不同的定义，这些缺陷都可以叫做裂纹。

一次加载断裂是指零件或试样在一次静载荷（缓慢递增的或恒定的载荷）作用下或在一次冲击能量作用下发生断裂的现象，包括静拉伸、静压缩、静弯曲、静扭转、静剪切、高温蠕变和一次冲击断裂等。

反复加载断裂是指零件或试样在经历反复多次的应力或能量负荷循环作用后才发生断裂的现象，一般称为疲劳断裂。这一类断裂的类型很多，包括反复拉压疲劳、弯曲疲劳、扭转疲劳、疲劳点蚀、热应力疲劳、共振疲劳以及多次冲击断裂等。

## 1.4.4　金属零件的腐蚀失效

金属零件的腐蚀失效：指金属材料与周围介质发生化学或电化学作用而导致的破坏。

金属零件的腐蚀失效分两类：化学腐蚀和电化学腐蚀。

### 1.4.4.1　金属零件的化学腐蚀

金属在高温气体（含氧）介质下的氧化是典型的化学腐蚀。

A　钢铁的高温腐蚀方式

钢铁的高温腐蚀，通常按以下方式进行：高温氧化、脱碳、氢蚀和铸铁的肿胀。

a　高温氧化

钢铁在空气中加热，在较低温度（$200 \sim 300$℃）下表面出现可见的氧化膜；当温度高于 800℃时，表面上开始形成多孔、疏松的"氧化皮"。这些氧化皮与基体结合松散，稍受震动便会一层层地脱落下来。

气相的组成，对铁的高温腐蚀有着强烈的影响，特别是水蒸气和硫的化合物的影响最大。

在烟道中，若含有过量的空气，对钢铁的腐蚀有很大影响。氧的含量愈高，腐蚀速度愈大，而一氧化碳却具有相反的作用。

b　脱碳

钢在气体腐蚀过程中，通常总是伴随有脱碳现象。

脱碳：在腐蚀过程中，除了生成氧化皮外，与氧化皮层相连的内层发生渗碳体减少的现象，这是由于渗碳体 $Fe_3C$ 与介质中的氧、氢、二氧化碳、水等作用的结果。

脱碳作用生成的气体，使表面膜的完整性受到破坏，从而降低了膜的保护作用，加快了腐蚀的进行。同时，碳钢表面渗碳体减少（即表面层已变成铁素体组织），使表面层的硬度和强度都大幅度下降，降低了零件的耐磨性和疲劳极限，从而降低了设备或零件的使用寿命。

实践证明，增加气体介质中的一氧化碳和甲烷含量，将使脱碳作用减小，钢中添加铝和钨也可降低钢的脱碳倾向。

c　氢蚀

氢气在常温常压下对碳钢不会产生明显的作用，氢气在温度高于 200～300℃，压力高于 30.4MPa 时，对钢材作用显著，使钢剧烈脆化，这就叫氢蚀。在合成氨、合成甲醇、石油加氢及其他一些化学和炼油工业中，氢蚀常发生。

钢材发生氢蚀有两个阶段：逆氢脆阶段和氢蚀阶段。

逆氢脆阶段：氢和钢材接触时，氢即被钢表面所吸收，并以原子状态沿晶界向钢材内部扩散。溶解于钢中的氢虽未和钢材组成起任何化学变化，也没有改变钢的组织，但是却使钢变脆、韧性降低，如果将钢材在 200～300℃ 低温卜加热或常温下长时间静置，其韧性又可以部分或全部恢复，这一阶段，称为逆氢脆阶段。

氢蚀阶段：高温高压下，侵入并扩散到钢中的氢与不稳定的碳化物发生反应生成了甲烷，产生脱碳，并且反应的气体生成物在钢材内部积聚，产生很大的内应力，使晶界产生裂纹，内部出现龟裂，而在表面则出现许多鼓泡。这就使钢的强度和韧性大大降低，发生永久脆化。

氢与硫化氢共存时，硫化氢与铁发生反应，在钢表面生成硫化铁层，它在高温高压中是多孔性物质，且易剥落。剥落后活性铁表面又与高温下的硫化氢作用进而腐蚀，如此反复进行。所以，当氢和硫化氢共存时，硫化氢对钢的腐蚀起着促进作用。

措施：降低钢的含碳量或在钢中加入铬、钛、钼、钨、钒等合金元素，以形成稳定的碳化物，能提高钢抗氢蚀的能力。

d　铸铁的肿胀

铸铁的肿胀是一种晶间气体腐蚀，腐蚀性气体沿着晶粒边界、石墨夹杂物和细微裂缝渗入到铸铁内部，发生氧化作用。由于所生成的氧化物体积较大，从而加大了铸铁的尺寸。铸件发生肿胀后，强度将大大降低。

措施：在生铁中加入适量（5%～10%）的硅，形成 $SiO_2$，提高氧化膜的保护性能，阻止氧的渗入，可使肿胀现象不发生。但如果硅的添加量过低（<5%），由于硅促进铸铁的石墨化，反而会使肿胀更加严重。

B　防止钢铁气体腐蚀的方法

（1）合金化：改善钢铁抗氧化性能最有效的合金元素是 Cr，Al，Si，它们与氧的亲和力比铁强，在氧化性介质中首先与氧结合形成极稳定的 $Cr_2O_3$，$Al_2O_3$，$SiO_2$，这些氧化物结构致密，能够牢固地与金属基体结合，形成有效的保护层，阻止金属离子和氧离子的扩散,大幅度提高钢的抗氧化性。

(2) 改善介质:降低和清除有害气体,应用保护气体。

(3) 应用保护性覆盖层:应用金属或非金属涂层,把金属和气体介质隔离。最常采用热扩散法,钢铁材料可以渗铬、渗铝、渗硅及铬-铝共渗等。

还可以涂耐高温的涂料或采用近年来的新方法:物理气相沉积(PVD)和化学气相沉积(CVD)方法。

### 1.4.4.2　金属零件的电化学腐蚀

金属的电化学腐蚀在工程界(特别是化工设备)大量存在,涉及面最广,危害也很严重。这是因为金属电化学腐蚀的条件容易形成和存在。

局部腐蚀最普遍。典型的局部腐蚀有:接触腐蚀、小孔腐蚀、缝隙腐蚀、晶间腐蚀、应力腐蚀开裂和腐蚀疲劳。

(1) 接触腐蚀:在电解质溶液中,两种具有不同性质的金属或合金相互接触时,电位较负的金属腐蚀速度增加,电位较正的金属腐蚀速度减小,甚至停止。这类腐蚀现象就是接触腐蚀或称电位腐蚀。

(2) 小孔腐蚀:金属件的大部分表面不发生腐蚀或腐蚀很轻微,但是局部地方出现腐蚀小孔并向深处发展的腐蚀现象,称为小孔腐蚀,简称点蚀或孔蚀。

(3) 缝隙腐蚀:金属与金属连接处或非金属连接处,由于存在一定的缝隙($0.025 \sim 0.1$mm),当溶液进入并处于常留状态时所引起的一种局部腐蚀。

(4) 晶间腐蚀:指沿着金属晶界或它的近旁发生的腐蚀现象。

(5) 应力腐蚀开裂:是在特定腐蚀环境和机械拉应力共同作用下的一种极为隐蔽的局部腐蚀形式,而且往往事先无明显预兆,常常造成灾难性的事故。

应力腐蚀发生的条件:

1) 有一定大小的拉应力作用于零件,这个拉应力除了构件工作应力外,还可能是残余应力,有时残余拉应力占主导地位。

2) 腐蚀环境(包括介质、浓度、温度等)是特定的。

3) 金属材料本身对应力腐蚀开裂有敏感性。它取决于金属材料的化学成分和组织结构。

应力腐蚀开裂都呈脆性断裂。

防止金属腐蚀的主要办法有:合理选用材料、结构设计合理、覆盖保护层、添加缓蚀剂、电化学保护、改变环境条件。

(6) 腐蚀疲劳:金属材料在腐蚀介质和交变应力共同作用下产生疲劳强度或疲劳寿命降低的现象。

防止腐蚀疲劳首先防止腐蚀介质的作用,若必须在腐蚀介质下工作,则采用耐腐蚀材料,以及根据不同的介质条件分别采用阴极保护或阳极保护;或者采取表面涂防腐覆盖层等表面处理方法。

此外，在某些机械设备零部件上，还会出现堵塞、黏附和老化变质等常见现象。对于这类机械零件，除了改进结构设计，选用适当材质和制造工艺外，在使用和维护上，分别采取净化、避免有害介质的作用等措施来避免或延缓失效过程，也是十分重要而有效的。

# 1.5 机械故障诊断技术

## 1.5.1 故障诊断的基本概念

设备诊断技术是一种监测设备现有状况参数，分析故障原因和异常情况，预报设备未来情况的技术。诊断技术应该包括对设备的过去到现在，从现在到将来的一系列信息资料进行的预测工作。机械设备诊断技术的任务包括：提出制定诊断判定依据的理论与方法；指出技术状态识别的途径；提供技术决策（故障决策）原理；改进并总结诊断技术。

设备诊断技术是设备综合工程的一个组成部分，因此必须在设备寿命全过程中发挥作用。在设计、制造阶段必须考虑和制定使设备具有良好的可监控性、可诊断性。在使用阶段应充分有效地利用监测设备和诊断技术研究和处理设备的故障。在事后阶段应注意对资料的积累，统计分析，资料库数据库的建立，为故障早期症状的正确诊断和预报及维修决策提供依据，并制定相应的标准、条例、规程等。状态监测是故障诊断的初级阶段，根据状态监测进行预知维修。

## 1.5.2 机械设备故障诊断的现状及发展

目前故障诊断技术已经形成一门既有理论（诊断理论），又有方法（分析方法）；既有实验（故障机理实验研究），又有手段（现代监测仪表与诊断系统）；工程应用性强，技术背景牢固，与高技术发展密切相关的一门现代新兴学科。

机械设备故障诊断技术发展方向是，在频谱分析和时间序列分析技术深入研究的基础上，进一步应用数学工具研究新的理论和技术，其主要特点表现为：应用计算机进行在线监测和辅助诊断，建立具有人工智能的诊断专家系统，促进声发射技术、铁谱分析技术、油液分析技术、光导技术等的应用和推广。

## 1.5.3 机械故障诊断学的内容

机械故障诊断学是识别机器或机组运行状态的科学。它研究的对象是机器和机组运行状态的变化在诊断信息中的反映。它的内容包括对机器运行状态的识别、预测和监视三个方面。整个诊断过程如图1-13所示。

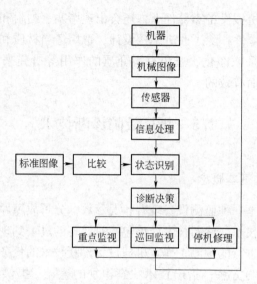

图 1-13　机械故障诊断过程

机械故障诊断学的内容见表 1-5。

**表 1-5　机械故障诊断学的内容**

| | | | |
|---|---|---|---|
| 机械故障诊断学 | 诊断原理 | 诊断物理学 | 故　障　分　析 |
| | | 诊断数学 | 诊断信息的采集与选择理论 |
| | | | 诊断模型和判据的建立 |
| | | | 诊断模型求解（逻辑推理、模式识别等） |
| | 诊断技术 | | 故障预报技术 |
| | | | 剩余寿命估算 |
| | | 诊断系统设计 | 测点、测时、工况的选择 |
| | | | 搜索式试验策略和设计优化 |
| | | 诊断信息采集与处理技术 | 零件探伤技术 |
| | | | 机器不拆卸检查技术 |
| | | | 传感器—二次仪表—微型计算系统 |
| | | | 诊断自动化 |
| | | | 资料库、数据库的管理、维修经验理论 |

## 1.5.4　设备故障诊断中运用的主要技术

　　设备故障诊断方法有许多，包括基于统计理论的故障诊断方法、基于模糊理论的故障诊断方法、基于故障树分析的故障诊断方法、基于专家系统原理的故障诊断方法、基于神经网络的故障诊断方法、基于数据融合的故障诊断方法以及基于相关技术集成的故障诊断方法。

设备故障诊断技术主要涉及电子和计算技术，声振测试和分析技术，测温技术，油液分析技术，应力、应变测试技术和无损检测技术等。

### 1.5.4.1 电子和计算技术

一些专用仪器和一些新的信号的采集、分析及处理的方法都基于该两项技术，这是一门公共的基础技术。

### 1.5.4.2 声振测试和分析技术

A 振动测试系统

机械设备的振动与其运行状态优劣有着密切的关系。设备运转表现出的常见问题为"三不两有"———不平衡、不对中、不同心；有摩擦、有间隙。这些均是引起振动的因素。探索研究机械振动的目的在于了解振动现象的机理，破译机械振动中包含的信息，从而对其进行有效的动态监测与故障诊断。

用振动分析方法监测设备状态就是对现场设备进行振动信号采集、信号处理与分析，从而进行设备状态判别和诊断。振动监测及诊断技术的优点在于根据对振动信号的测量与分析，可以在生产设备不停机和不解体的情况下，找出引起振动的原因，对该设备的潜在故障苗头有所了解或判断，以便予以排除或做出有效的控制。如果这种分析判断基本准确，人们就可以在设备管理与维修中处于主动的地位，就能节省大量的人力、物力和生产时间。

现场简易振动系统早期多采用模拟式测振仪，模拟式测振仪简易振动诊断系统包括传感器、电缆、测振仪、示波器和频率分析仪。其基本功能主要是测量机器的振动参数值，对设备做出有无故障判断。便携式多功能测振仪侧重数据采集器，操作方法简便、功能丰富，已逐步取代了模拟式测振仪。便携式测振系统就是一台手持式数据采集器通过电缆直接和固定在设备上的压电式加速度传感器相连，除了测各种振动参数外，还可以在现场作时域、频域、相域等多种分析，并兼有数据存储功能。

a 经典测试系统

经典测试系统如图 1-14 所示。

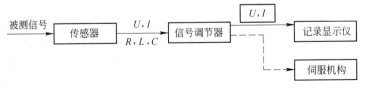

图 1-14 经典测试系统

b 计算机测试系统

计算机测试系统如图 1-15 所示。

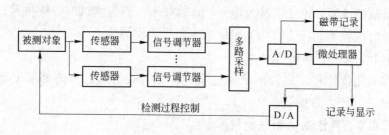

图 1-15 计算机测试系统

B 传感器

传感器具有敏感功能以及将非电量变换成电量的功能。

传感器的种类很多，往往一种被测量可以应用多种类型的传感器来检测，而同一种传感器也可以测量多种物理量。传感器根据被测对象分为：力传感器、位移（角位移、线位移）传感器、温度传感器、加速度传感器等。

C 信号调节器

它由各种电桥、谐振电路、放大、调制、解调、滤波电路及阻抗变换、标度变换等电路构成。其作用是将传感器输出的电信号变换成记录、显示仪器所需要的标准电压（或电流）信号，然后输送到记录、显示仪器中进行记录与显示，或者送入伺服驱动机构进行记录、指示与控制。

D 记录显示仪器

将表示被测量大小的电量进行记录与显示。通常的记录、显示仪器有光线示波器、$x$-$y$ 记录仪、电子示波器、磁带记录仪等。

### 1.5.4.3 测温技术

温度是表征物体冷热程度的物理量，是国际单位制中 7 个基本物理量之一，是工业生产中的重要参数，也是设备运行状态的一个重要指标。设备出现异常时的一个明显特征就是温度升高，同时温度异常又是引发故障的因素之一。

随着科学技术水平的不断提高，温度测量技术也得到了不断地发展。温度测量方法有很多，也有多种分类，由于测量原理的多样性，很难找到一种完全理想的分类方法。目前温度测量的方法可以归纳为接触式测温和非接触式测温两大类，接触式测温方法通常包括膨胀式测温、电量式测温、接触式光电热色测温等；非接触式测温方法一般有辐射式测温、光谱法测温、激光干涉测温、声波微波法测温等。具体的接触式测温方法有玻璃液体测温计测温、双金属温度计测温、压力式温度计测温、热电偶测温、铂电阻测温、半导体测温、集成芯片测温、石英晶体测温、光纤测温、示温漆测温、液晶测温、黑体空腔测温；具体的非接触式测温方法有全辐射测温、亮度式测温、比色式测温、热像仪测温、多光谱测温、瑞利拉曼散射光谱测温、CARS 测温、受激荧光光谱测温、光谱吸收法测温、干涉仪测温、纹影法测温、激光散斑照相法测温、激光全息照相法测温、超声波法测温、微波衰减法测温等。几乎所有的温度测量技术都是在这些原理的基础上发展起来的。

在线、非接触式、远距离测试的红外线测温技术运用比较普遍。

#### 1.5.4.4　油液分析技术

用来研究摩擦磨损的油液分析技术在设备故障诊断中也被广泛地应用着，常用的油液分析技术包括磁塞检查法、铁谱分析技术、光谱分析技术与同位素示踪技术。

（1）磁塞检查法：基本原理是用带磁性的塞头插入润滑系统的管道内，收集润滑油中的残渣，用肉眼直接观察残渣的大小、数量和形状，判断机器零件的磨损状态。适用于残渣颗粒尺寸大于 $50\mu m$ 的情况。磁塞的结构如图 1-16 所示。

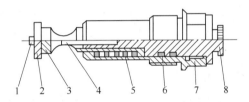

图 1-16　磁塞的结构

1—螺钉；2—挡圈；3—自闭阀；4—磁钢；5—弹簧；6—密封圈；7—磁塞座；8—磁塞心

（2）铁谱分析技术是 20 世纪 70 年代初期发展起来的一种油液污染检测技术，用以检查润滑油和液压系统中油液所含磁性金属磨粒的成分、形态、大小及浓度，借此判断和预测机器系统中的磨损情况，它是机器工况监测与故障诊断技术中的一项重要基础技术。对几微米到百微米级的磨粒有较高的分析效能。

铁谱分析技术有分析式铁谱仪和直读式铁谱仪两种。分析式铁谱仪原理如图 1-17 所示。

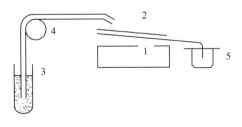

图 1-17　分析式铁谱仪原理图

1—铁磁装置；2—玻璃基片；3—油样管；4—微量泵；5—集油管

（3）根据物质的光谱来鉴别物质及确定它的化学组成和相对含量的方法叫光谱分析。其优点是灵敏、迅速。历史上曾通过光谱分析发现了许多新元素，如铷、铯、氦等。

分析原理是：光源辐射出的待测元素的特征光谱被样品蒸汽中待测元素的基态原子吸收，由发射光谱减弱的程度，求得样品中待测元素的含量。

（4）同位素示踪利用的放射性核素（或稳定性核素）及它们的化合物，与自然界存在的相应普通元素及其化合物之间的化学性质和生物学性质是相同的，只是具有不同的核物理性质。因此，可以用同位素作为一种标记，制成含有同位素的标记化合物（如标记食物、药物和代谢物质等）代替相应的非标记化合物。利用放射性同位素不断地放出特征射线的核物理性质，用核探测器随时追踪它在体内或体外的位置、数量及其转变等。稳定性同位素虽然不释放射线，但可以利用它与普通相应同位素的质量之差，通过质谱仪、气相层析仪、核磁共振等质量分析仪器测定。

### 1.5.4.5　应力、应变测试技术

20世纪60年代发展起来的应力、应变及扭矩的测试技术，对重载、低速运行状态下的重型机器，如轧钢机、起重运输设备等进行监测或进行部分故障诊断是非常有效和实用的，在冶金工厂中此种技术应用较为普遍。

### 1.5.4.6　无损检测技术

无损检测技术是指在不破坏、不改变被检物体的前提下，利用物体内部存在缺陷而使其物理性能发生变化的特点，应用专门仪器、设施完成对物体（材料、零部件、产成品）检测与评价的技术手段。

❈❈❈❈❈❈❈❈❈❈❈❈❈❈❈❈❈❈❈❈❈❈❈❈❈❈❈❈❈❈❈❈

# 思　考　题

## 一、名词解释：

故障，可靠性，可靠度，维修性，维修，维修度，磨损，磨料磨损，黏着磨损，疲劳磨损，腐蚀磨损，包申格效应，弹性后效，加工硬化，残余内应力，韧性断裂，脆性断裂，脱碳，氢蚀，点检，定修，定修制，定修模型，TPM。

## 二、计算题：

1. 设某元件失效密度函数 $f(t) = \lambda e^{-\lambda t}$，失效率 $\lambda$ 为常数，若它的平均寿命为4000h，试求其失效率和使用150h后的可靠度（百分数的小数点后至少保留一位小数）。

2. 某元件可靠度服从指数分布 $R(t) = e^{-\frac{t}{3000}}$，求平均寿命和使用后 250h 的可靠度（百分数的小数点后至少保留一位小数）。

## 三、按下面的统筹图（图 1-18）中工序时间（单位：天）解答下列问题。

1. 找出图中所有可能的工序路线，计算每条路线所需要工时。
2. 确定主要矛盾线，确定总工时。
3. 计算各工序最早可能开工时间和最迟必须开工时间，分别标在图中的□和△内。
4. 计算各工序的时差，用表格表示。

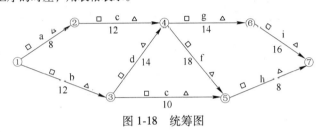

图 1-18　统筹图

## 四、简答题：

1. 机械设备维修工程学发展大体上分哪四个阶段？
2. 机械设备维修工程学分哪三部分内容？
3. 机械零件常见失效形式有哪几种？
4. 根据导致磨损的主要原因，磨损可分为哪几类？
5. 磨料磨损的主要影响因素有哪些？
6. 黏着磨损的主要影响因素有哪些？
7. 如何减轻磨料磨损？
8. 画出磨损特性曲线，并说明磨损过程分哪几个阶段。
9. 影响磨损的主要因素有哪些？
10. 金属受力产生的变形，可分为哪两个阶段？各有什么特点？
11. 弹性变形问题的两种效应是什么？如何定义的？
12. 消除加工硬化的方法是什么？
13. 消除内应力的方法有哪些？
14. 如何减轻变形危害？
15. 断裂常见的分类形式有哪四种？
16. 引起金属韧性断裂的实质和原因是什么？
17. 脆性断裂事故的基本特征有哪些？
18. 金属零件的腐蚀失效分哪两类？
19. 钢铁的高温腐蚀按哪些方式进行？
20. 如何减轻钢的脱碳倾向？
21. 如何减轻钢的氢蚀？

22. 如何阻止铸铁的肿胀？
23. 防止钢铁气体腐蚀的方法有哪些？
24. 设备诊断技术的概念是什么？
25. 机械故障诊断学的内容有哪些？
26. 设备故障诊断中运用的主要技术有哪些？
27. 全员生产维修（TPM）的特点、核心、目标分别是什么？
28. 点检的种类有哪些？
29. 推行 TPM 要从哪三大要素上下功夫？
30. TPM 的工作内容是什么？
31. 点检员的基本素质有哪些？

# 2　机械的润滑

润滑是指在机件作相对运行的接触面间加入润滑介质，使其间形成一层润滑膜，以减小摩擦和磨损，延长机械设备的使用寿命。此外，某些种类的润滑剂还能起到冲洗、冷却摩擦表面、阻尼振动、防锈和密封等作用。

## 2.1　润滑原理

### 2.1.1　润滑的分类

根据相对运动的两表面间润滑的多少，可以将润滑分为无润滑、边界润滑、流体润滑、半流体润滑和半干润滑。

（1）无润滑：在具有相对运动的两表面间完全没有任何润滑介质存在，处于干摩擦状态，称为无润滑。

由于干摩擦系数可以高达 0.5 以上，因此使接触面间产生剧烈的摩擦和磨损。这种状态除机械的制动外，一般应尽量避免的。润滑系统的故障、润滑剂失效或流失会导致出现这种状态，造成机械设备的损坏。

（2）边界润滑：介于有润滑和无润滑之间的一种临界状态的润滑形式。

在此种摩擦状态下，摩擦副之间的局部直接接触不可避免，摩擦系数一般在 0.03～0.1。

（3）流体润滑：流体状态的润滑剂在做相对运动的两摩擦表面之间形成一层足够厚的润滑膜，把两摩擦表面完全隔开，称为流体润滑。

这是一种理想的润滑状态。摩擦系数一般在 0.001～0.01 或更低。

（4）半流体润滑：在流体润滑状态下，若流体膜遭受破坏的比例不大，则属于流体润滑与边界润滑之间的一种润滑状态，称为半流体润滑。

（5）半干润滑：在边界润滑状态下，若边界膜遭到破坏的程度不太严重，就出现边界润滑与干摩擦之间的一种润滑状态，称为半干润滑。

### 2.1.2　边界润滑原理

边界润滑是一种极为普遍的润滑状态，几乎各种摩擦副在做相对运动时都存在着边界润滑状态。

在边界润滑状态下，摩擦系数的大小并不主要取决于润滑油的黏度，而主要是与边界膜的特性有关。

### 2.1.3 流体动压润滑原理

在具有收敛型油楔的滑动摩擦副中，由于收敛的楔形间隙对流体的升压作用，使流体膜具有足够的压力把两摩擦表面分隔开来，形成流体润滑。由于流体膜的压力来自摩擦副两表面的相对运动，所以称为流体动压润滑。

A　实现流体动压润滑的条件

实现流体动压润滑必须具备下列条件：

（1）做相对运动的对偶摩擦表面，必须沿运动方向形成收敛的楔形间隙；

（2）对偶表面必须具有一定的相对速度；

（3）润滑流体必须具有适当的黏度，并且供油充足；

（4）外载荷必须小于油膜所能承受的极限值；

（5）对偶表面的加工精度应较高，表面粗糙度应小，这样可以在较小的油膜厚度下实现流体动压润滑。

B　径向滑动轴承摩擦副建立流体动压润滑的过程

径向滑动轴承摩擦副建立流体动压润滑的过程如图 2-1 所示。图 2-1a 为轴承静止状态时轴与轴承的接触状况，在轴的下部正中，轴与轴承接触，轴的两侧形成楔形间隙。启动开始时，轴滚向一侧（见图 2-1b），具有一定黏度的润滑油黏附在轴颈表面，随着轴的转动油被带入楔形间隙。油在楔形间隙中只能沿轴向溢出，但轴颈有一定长度，而油的黏度使其沿轴向溢出受阻而流动不畅，这样，油就聚集在楔形间隙的尖端互相挤压而使油压升高。随着轴的转速升高，楔中油压也升高，形成一个压力油隙逐渐把轴抬起，如图 2-1c 所示。但此时轴尚处于不稳定状态，轴心位置随着轴被抬起的过程而逐渐向轴承中心的另一侧移动，当达到一定转速后，轴就趋于稳定状态，如图 2-1d 所示。此时油楔作用于轴上的压力总和与轴的负载（包括轴的自重）相平衡，轴与轴承表面完全被一层油膜隔开，实现了流体润滑，这就是流体动压润滑的油楔效应。

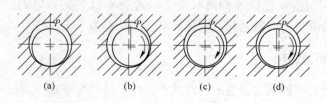

（a）　　　　（b）　　　　（c）　　　　（d）

图 2-1　径向滑动轴承摩擦动压润滑油膜的建立过程

### 2.1.4　弹性流体动压润滑

弹性流体动压润滑是摩擦体表面的弹性变形和润滑液体的压力-黏度效应。对润滑膜厚度和压力分布起显著影响的流体动压润滑，是既考虑变黏性的流体动压作用，又考虑接触面弹性变形效应的润滑问题。滚动轴承、齿轮传动和凸轮机构等点、线接触的摩擦副在一定条件下都有可能形成弹性流体动压润滑。

判断摩擦副是否处于弹性流体动压润滑状态，主要看油膜厚度是否足够可靠地将摩擦副对偶表面隔开，通常用膜厚比 $\lambda$ 来判断。膜厚比就是最小油膜厚度与摩擦副对偶表面的平均均方根粗糙度的比值。一般说来，当 $\lambda < 1$ 时，会产生黏着；$1 \leqslant \lambda \leqslant 3$ 时，摩擦副处于部分弹性流体动压润滑状态，有可能发生黏着磨损；$\lambda > 3$ 时，摩擦副处于全膜润滑状态，可认为不会发生黏着磨损。可靠的弹性流体动压润滑的条件是 $\lambda > 3$。使用一般矿物油润滑和一般加工质量的几种常见的摩擦副，其膜厚比范围约为：滚动轴承，$\lambda = 1 \sim 2.4$；齿轮传动，$\lambda = 0.6 \sim 1.8$；凸轮机构，$\lambda = 0.3 \sim 1.2$。

### 2.1.5　流体静压润滑

从外部将高压（几兆帕到几十兆帕）流体强制送入摩擦副的油腔中去，利用流体的压强使两摩擦表面在未开始做相对运动前就被隔开，从而形成流体润滑状态，称为流体静压润滑。

A　流体静压润滑的优点

流体静压润滑的优点如下：

（1）应用范围广、承载能力高；

（2）摩擦系数低并且稳定；

（3）几乎没有磨损，所以寿命极长；

（4）由于表面不直接接触，所以对轴承材料要求不高，只需比轴颈稍软即可。

B　流体静压润滑的缺点

流体静压润滑的缺点是：需要一套昂贵的供油系统，油泵长期工作要耗费大量能源；操作人员担心高压管路的工作可靠性和寿命，因为一旦断油将立即导致重大事故。

### 2.1.6　流体静动压润滑

流体静动压润滑是流体动压轴承在启动制动时采用流体静压润滑，而在达到额定转速后，高压油泵停止供油，轴承靠流体动压润滑，这样，既克服了流体静压润滑的缺点又避免了静压系统长期工作的大量能耗。流体静动压润滑近年来已在各类轧机轧辊轴承上得到普遍应用。

## 2.2　润滑材料

凡是能够在做相对运动的、相互作用的对偶表面间起到减小摩擦降低磨损作用的物质，均可以称作润滑材料。

润滑材料大致分四大类：液体润滑材料、固体润滑材料、气体润滑材料和塑性体及半流体润滑材料。

液体润滑材料主要是矿物油和各种植物油、乳化液和水等。近年来性能优异的合成润滑油发展很快，如氟油、脂肪酸及合成烃等；乳化液主要用作机械加工和冷轧金属带材的工艺冷却润滑；水只用于某些塑料轴瓦（如胶木）的冷却润滑。

固体润滑材料是一类新型的很有发展前途的润滑材料，它们可以单独使用或作润滑油、脂的添加剂。固体润滑材料：利用某些具有润滑性能的固体粉末、薄膜或组合材料隔离摩擦副的对偶表面，起到和油脂一样的润滑作用，这一类具有润滑性能的材料称为固体润滑材料。固体润滑材料分为无机的、有机的和自润滑复合材料三大类。常用的固体润滑材料有：二硫化钼（$MoS_2$）、胶体石墨、氮化硼、聚四氟乙烯等。

气体润滑材料有气体轴承中使用的空气、氮气和二氧化碳等气体。气体润滑材料目前主要用于航空、航天及某些精密仪表的气体静压润滑轴承。

塑性体及半流体润滑材料主要是由矿物油及合成润滑油稠化而成的各种润滑脂和动物脂，以及近年来试制的半流体润滑脂等；矿物油和润滑脂目前应用最广、使用量最大，原因是来源稳定且价格低廉。动植物油脂主要用作润滑脂的添加剂和某些有特殊要求的润滑部位。

润滑材料应满足工程上对润滑的一些基本要求：

（1）较低的摩擦系数，从而减少动力消耗，降低磨损速度，提高设备使用寿命；

（2）具有良好的吸附及楔入能力，以便能渗入摩擦副微小的间隙内，并能牢固地黏附在摩擦表面上，不易被相对运动形成的剪切力刮掉；

（3）有一定的内聚力（黏度），以便能抵抗较大的压力而不致从摩擦副中被挤出，以保持足够的润滑膜厚度；

（4）具有较高的纯度及抗氧化安定性，没有研磨和腐蚀性，不致因迅速与水或空气接触生成酸性化合物或胶质沥青而变质。

通常，设备说明书上有制造厂规定的润滑保养规程，其中对润滑材料有要求，但当设备使用条件改变时，原来的材料不一定适用；另外新型材料不断涌现，要求我们掌握各种润滑材料的性能、选用和使用方法。

## 2.2.1 润滑油

矿物润滑油是目前最重要的一种润滑材料，占润滑材料总耗量的90%以上，是利用石油提炼中蒸馏出的高沸点物质再经精炼制成的。

常压渣油：石油经过初馏和常压热馏提取汽油、煤油和柴油，剩下的称为常压渣油。

再经减压蒸馏，按沸点不同而依次切取一线、二线、三线、四线馏分油，经精制而获得黏度较低的润滑油。这种油含沥青质少，油性分子含量低，因而油性也差。

减压渣油：对减压渣油蒸馏残留下来的减压渣油进行精制，获得高黏度润滑油，这种油胶质沥青含量较多，油性比前一种润滑油好。

将各线馏分油与减压渣油按不同比例调配制成各种不同牌号、黏度的润滑油。

除矿物油外，还有以软蜡、石蜡等为原料用人工方法生产的合成润滑油。植物油和蓖麻籽油用于制取某些特种用途的高级润滑油。

### 2.2.1.1 润滑油的物理化学性能及主要质量指标

润滑油的物理化学性能及主要质量指标有：外观、黏度、闪点、凝点、抗乳化性、抗氧化安定性、热氧化安定性和抗磨性。

A 外观

润滑油的外观主要指油品的颜色，外观往往可以反映其精制程度和稳定性。对于基础油来说，一般精制程度越高，其烃的氧化物和硫化物脱除得越干净，颜色也就越浅。但是，即使精制的条件相同，不同油源和基属的原油所生产的基础油，其颜色和透明度也可能是不相同的。

对于新的成品润滑油，由于添加剂的使用，颜色作为判断基础油精制程度高低的指标已失去了它原来的意义。

B 黏度

黏度反映润滑油的稀稠程度。黏度愈高，流动性愈差，愈不易渗入间隙较小的摩擦副中去，但也不易被从摩擦面间挤出来，因而油膜承载能力高。

高黏度油的摩擦阻力大，油温易升高，设备的功率损耗也高。

黏度低的润滑油正好相反。

黏度是润滑油的一项很重要的指标。在选择润滑油时，通常以黏度为主要依据。

黏度可以用绝对黏度和相对黏度表示。

（1）绝对黏度：又有动力黏度和运动黏度两种表示方法。

1）动力黏度：实质上反映流体内摩擦阻力的大小。用 $\eta$ 表示，单位为 $Pa \cdot s$。

2）运动黏度：在同一温度下流体的动力黏度与密度的比值，用 $\nu$ 表示，工程实用单位为 $mm^2/s$，ISO 国际标准温度为 40℃。

（2）相对黏度：也称条件黏度，各国采用的测定相对黏度的黏度计不同，因而条件黏度有恩氏黏度、赛氏黏度、雷氏黏度等几种。我国采用恩氏黏度：在规定的温度下让体积为 200mL 的液体从恩氏黏度计流出所需的时间与同体积蒸馏水在 20℃时从恩氏黏度计流出所需时间的比值，即为恩氏黏度。用°E 表示：°Et 表示测量温度为 $t$℃时的恩氏黏度。

润滑油的黏度随温度升高而降低，润滑油的这种特性称为黏温特性。

黏度指数就是用来定量表示润滑油黏温特性的一个参数。黏度指数高，表示润滑油的黏度随温度的变化小。

C　闪点

在规定条件下加热润滑油，当油蒸汽与空气的混合气体与火焰接触时发生闪火现象的最低温度称为闪点。

闪点是润滑油的一项安全指标，要求润滑油的工作温度低于闪点 20～30℃。

D　凝点

润滑油在规定条件下冷却到失去流动性时的最高温度称为凝点（也有称倾点的）。我国北方冬季，特别是那些安装在露天的设备，应注意选择凝点比环境温度低的润滑油。

E　抗乳化性

润滑油与水接触并搅拌后，能迅速分离的能力称为抗乳化性。对工作在潮湿环境和可能有水进入摩擦副的润滑用油，应考虑此项指标。

F　抗氧化安定性

润滑油在使用和贮存过程中，抵抗氧化变质的能力，称为抗氧化安定性。

G　热氧化安定性

润滑油膜在较高的工作温度下易与空气中的氧化合，生成胶质膜，使油迅速变质。热氧化安定性反映了润滑油在高温下抑制胶质膜生成的能力。

H　抗磨性

反映边界润滑状态下油膜的承载能力。它包括油性和极性两个方面。

油性对非极压状态的中温中等负载的摩擦副边界润滑膜的形成和润滑性能影响极大；而在极压状态下，油的极压性能对边界膜的润滑性能起关键作用。油的抗磨性要在专门的试验机如梯姆肯或四球试验机上测定。

### 2.2.1.2　常用润滑油的性能和用途

采用 ISO 标准，按 40℃时的运动黏度划分油的标号，标号的数值就是润滑油在 40℃时的运动黏度的中心值。新标号前加"N"，如 N5，N7，N15 等。

（1）普通机械油：没有添加油性或极压添加剂的润滑油，仅适用于载荷、转速及温度均不高的一般无特殊要求的轴承、纺织机锭子、齿轮及其他工作条件类似的机械的润滑。

（2）通用型机床工业用润滑油：加入了一定量的油性及抗氧防锈等添加剂，所以抗磨、抗氧化、防锈及抗乳化性能均优于普通机械油，是取代普通机械油的新油品。

（3）工业齿轮油：分普通工业齿轮油和极压工业齿轮油。普通工业齿轮油主要是在普通机械油中加入了防锈抗氧添加剂制成，今后可能被通用机床用润滑油取代；极压工业齿轮油分铅型和硫磷型，铅型正被淘汰，硫磷型属重点推广。

（4）多极 QB 汽油机油及多级普通车辆齿轮油（GL-3）：新研制的用于汽车发动机和车辆齿轮的润滑油。它们的性能优于旧牌号的汽油机油和齿轮油。多极 QB 汽油机油对于我国大多数地区均可冬夏通用，只是在严寒地区的冬季暂时用 5W/20 汽油机油，夏春秋三季用 10W/30 汽油机油。关于车辆齿轮油，国内目前仍大量使用渣油型齿轮油，这种油黏度高、流动性不好、摩擦阻力大、抗氧化安定性差。新试制的车辆齿轮油性能有较大的改善，试用效果良好。

（5）30 号 CC-1 柴油机油也是新试制的油品。具有较好的抗氧化抗腐及分散性和优良的高温清净性（形成积炭少）及抗磨性。

为熟悉润滑油的主要性能指标，现以天津日石公司生产的 L-CKC 中负荷工业齿轮油（GB 5903—1995）为例，简介有关指标数值，见表 2-1。

**表 2-1　L-CKC 中负荷工业齿轮油指标值**

| 项　　目 | 68 号 | 220 号 | 320 号 | 460 号 |
|---|---|---|---|---|
| 运动黏度（40℃）/mm² · s⁻¹ | 68.22 | 221.8 | 331.9 | 463.4 |
| 运动黏度（100℃）/mm² · s⁻¹ | 8.6 | 19.05 | 24.67 | 30.8 |
| 黏度指数（不小于） | 96 | 97 | 96 | 96 |
| 闪点（开口）（不低于）/℃ | 248 | 270 | 282 | 298 |
| 倾点（凝点）（不高于）/℃ | −8 | −8 | −8 | −8 |

## 2.2.2　润滑脂

润滑脂：在润滑油（基础油）中加入能起稠化作用的物质（稠化剂）把油液稠化成具有塑性的膏状的润滑剂。兼有液体和固体润滑剂的优点。

基础油：一般为各种黏度的石油润滑油或合成润滑油。

稠化剂：为各种金属的脂肪酸皂、地蜡、膨润土、硅胶和某些新型合成材料。不过用得最多的还是各种脂肪酸金属皂。

与润滑油比较，使用润滑脂的主要优点如下：

（1）在摩擦表面的黏附性好，不易流失或飞溅，不会产生漏油现象；

（2）可起到密封作用，防止尘土进入摩擦面；

（3）比润滑油的减振性强，可减少噪声和振动；

（4）特别适用于滚动轴承的润滑，而且由于无需经常加油，从而减少了设备维护的工作量。

润滑脂的缺点：散热能力差，输送性能不好，对大部分滑动轴承不适用，由于润滑的黏滞强，使设备启动力矩增大。

### 2.2.2.1 润滑脂的主要物理化学性能

润滑脂的主要物理化学性能指标有：针入度、滴点和稠化剂。

（1）针入度：标志润滑脂的软硬程度。它是利用 150g 的标准圆锥体在 5s 内沉入温度为 25℃ 的润滑脂试样中的深度来表示，以 0.1mm 为单位来计量针入度。针入度是选择润滑脂的一项重要指标。

根据针入度的大小，润滑脂分为 9 类，表 2-2 给出品种等级号对应的针入度范围。常用的品种等级号为 0~4 号。级号越小，针入度越大，润滑脂越稀。

表 2-2 润滑脂分类等级号

| 品种等级号 | 工作针入度范围（25℃，0.1mm） | 品种等级号 | 工作针入度范围（25℃，0.1mm） |
| --- | --- | --- | --- |
| 000 | 445~475 | 3 | 220~250 |
| 00 | 400~430 | 4 | 175~205 |
| 0 | 355~385 | 5 | 130~160 |
| 1 | 310~340 | 6 | 85~115 |
| 2 | 265~295 | | |

注：经过 60 次机械剪切试验后的针入度称为工作针入度。

（2）滴点：润滑脂在试管中按规定方法加热，当开始熔化滴下第一滴油时的温度叫做滴点。滴点反映润滑脂的耐热能力，选用润滑脂时，应使滴点高于工作温度 20~30℃。

（3）稠化剂：对润滑脂的性能影响极大。稠化剂是润滑脂命名的依据。如钙基脂、钠基脂、锂基脂等。

### 2.2.2.2 润滑脂的分类及用途

目前国内多数企业使用的润滑脂还是以钙基、钠基等低性能润滑脂为主，这两类润滑脂虽然相对来说价廉，但性能差，润滑效果不好，换油周期短。其结果是耗量大、设备寿命降低，从而降低了设备的作业率，增加了零配件的消耗，从经济角度来衡量是不合算的。而锂基脂的性能则比较好，特别是采用 12—羟基硬脂酸锂皂稠化的锂基脂，滴点较高、抗水性好，对各种添加剂的感受性也好，尤其是机械安定性优异，而且对金属表面的黏附力较强，由于针入度适中，因而泵送性好，是目前较为理想的一种多用途长寿命润滑脂。由于锂基脂具有上述优点，所以在西方工业化国家润滑脂的消耗中，锂基脂的比例逐年上升，而钙基、钠基的比例逐年下降。

目前我国已研制成功完全替代进口的锂基脂，但部分企业和设计部门对使用高性能润滑脂的意义认识不足，所以国内锂基脂的消耗量所占比例小，需要大力加以提倡。

除锂基脂外，合成复合铝基脂与膨润土脂在使用中也显示出较好的润滑性能。

### 2.2.2.3 高性能的合成润滑脂

高性能的合成润滑脂是由润滑油作基础油加入合成皂基或普通皂基稠化剂制得的高性能润滑脂。

合成润滑油是近似油的中性润滑材料，它并不直接由矿物处理得到，而是用有机合适成的方法制得。由于它具有特定的分子结构，所以具有比矿物油更好的润滑性能。而且用作合成润滑油的化合物或聚合物有一个突出特点，就是可以根据需要调整其有关性能。

合成润滑油种类繁多，能适应多种多样的特殊用途，如极高、极低温或宽温度范围的润滑油，抗燃润滑油，极压润滑油和能抗辐射耐高真空环境的润滑油，等等。但生产成本比较昂贵，所以价格远高于矿物润滑油。

国产合成润滑脂有通用润滑脂、高低温润滑脂、7018 高转速润滑脂、7019、7019-1 高温润滑脂、7020 窑车轴承润滑脂、高温极压轧钢润滑脂、7407 齿轮润滑脂和 BLN 半流体脂。

现以常用的锂基脂为例介绍润滑脂的性质和应用，见表2-3。

**表2-3　常用润滑脂的性质和应用**

| 名称 | 牌号 | 滴点/℃ | 针入度(25℃，150g) | 性　质 | 应　用　范　围 |
|---|---|---|---|---|---|
| 通用锂基润滑脂 | ZL-1 | ≥170 | 310~340 | 属于长寿命、多用途脂。适用 -20~180℃ 工况 | ZL-1用于集中给脂系统，ZL-2适用于中载中速机械（水泵、风机、中小型电动机等），ZL-3适用于大中型电动机等 |
| | ZL-2 | ≥175 | 265~295 | | |
| | ZL-3 | ≥180 | 220~250 | | |
| 合成锂基润滑脂 | ZL-1H | ≥170 | 310~340 | 属于长寿命、多用途脂。适用高温、高速、多水的机械部件 | ZL-1H用于集中给脂系统，ZL-2H用于中载中速机械，ZL-3H适用于大中型电动机等，ZL-4H适用于脂易流失的重负荷、低转速滑动轴承 |
| | ZL-2H | ≥175 | 265~295 | | |
| | ZL-3H | ≥180 | 220~250 | | |
| | ZL-4H | ≥185 | 175~205 | | |
| 半流体锂基润滑脂极压型 | 0 号 | >170 | 355~380 | 适用 -30~120℃ 工况、供集中润滑 | 极压型产品适用于各种重型机械及齿轮箱、蜗轮副传动装置 |
| | 00 号 | >165 | 400~430 | | |
| | 000 号 | >150 | 445~475 | | |

### 2.2.3 关于油脂的添加更换周期

目前确定换油周期的方法：1）根据经验；2）固定周期换油；3）定检、采样分析法。

### 2.2.4 润滑油脂的添加剂

为了改善润滑脂的性能以满足不同条件下机械对润滑性能的要求，常常加入各种添加剂，这些添加剂通常在石油化工厂就已经按配方加入，有时需要在现场添加的添加剂有以下几种：

A 油性添加剂

油性添加剂的品种有猪油、鲸鱼油、油酸、三甲酚磷酸酯及硬脂酸等。

B 极压及抗磨添加剂

含硫、磷、氯等活性元素的化合物在较高温度条件下，可以在金属表面生成化学反应膜，起到润滑作用。但是，这种反应是不可逆的，所以对金属有腐蚀作用，随着使用时间的增长，油中极压添加剂含量减少，润滑性能下降，有时需要在现场定期补加。极压抗磨添加剂主要有硫化鲸鱼油、二甲基磷酸酯、氯化石蜡、二烷基二硫代磷酸锌等。

C 抗泡沫添加剂

在循环润滑系统中，由于泡沫会使油路发生断油故障，通常加入二甲基硅油或苯甲基硅油消泡。一般加入量为 0.0001%～0.001%，加入时，先用煤油稀释后再加入搅匀。

其他添加剂种类繁多，主要有黏度指数改进剂、抗氧化添加剂、防锈添加剂、抗乳化剂、抗凝剂（起降低凝点的作用）和清净分散剂（起抑制油中漆膜生成和防止金属表面积垢），等等。

### 2.2.5 润滑油脂的选择

在工矿企业的设备事故中，润滑事故占很大比重，而润滑材料选用不当又是引起这些事故的一个重要因素。如某厂压力机的大型轴承，由于润滑脂选用不当，一年就损坏 8 套，换用适合的润滑脂后，一套轴承两年还未见到显著的磨损。可见正确选用润滑材料的重要性。

在各种润滑材料中，润滑油的摩擦较小，形成油膜比较均匀，应优先选择。

润滑油脂的选择原则有以下几点：

（1）考虑润滑材料的性能；

（2）负荷大小及负荷特性；

（3）运动速度；

（4）工作温度；

（5）周围环境；

（6）摩擦副的结构特点；

（7）润滑方式。

# 2.3 稀 油 润 滑

习惯上把润滑脂润滑称为干油润滑，润滑油润滑称为稀油润滑。

根据润滑剂供往摩擦副的方式，润滑可分为分散润滑与集中润滑，间隙润滑和连续润滑、无压润滑和压力润滑；根据对润滑剂的利用方式，润滑可分为流出式润滑和循环式润滑。

除了干油、稀油两种传统的润滑方式外，还有油雾、油气润滑（属于稀油润滑）和干油喷溅润滑等方式。

## 2.3.1 常用稀油润滑装置

（1）油孔和油杯：在摩擦副上方直接加工出注油孔或装上注油杯，如图 2-2 所示。

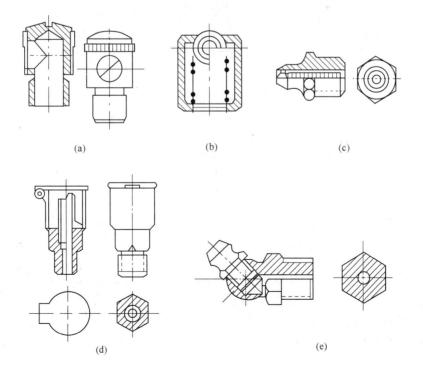

(a)　　　　　　　(b)　　　　　　　(c)

(d)　　　　　　　(e)

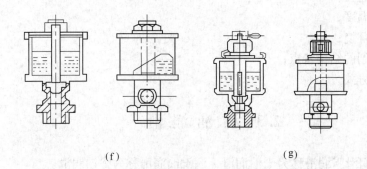

（f）　　　　　　　　　　　（g）

图 2-2　用于分散润滑的油杯

（a）注油杯；（b）压配式注油杯；（c）直通式压注油杯；（d）油芯式弹簧盖油杯；
（e）接头式压注油杯；（f）油芯式玻璃油杯；（g）针阀式玻璃油杯

（2）油环、油链及油轮润滑：油环或油链随轴转动把润滑油带到轴上，油轮固定在轴上与轴一起转动，由刮板将油刮下并导入轴承中。油环、油链及油轮润滑如图 2-3 所示。

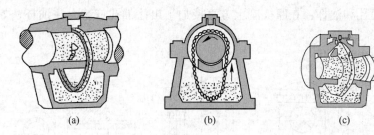

（a）　　　　　　　　　　　（b）　　　　　　　　　　　（c）

图 2-3　油环、油链及油轮润滑

（a）油环润滑；（b）油链润滑；（c）油轮润滑

（3）溅油及油池润滑：零件运动时浸入油池中将油带起并导入摩擦副中，还可以加装甩油片或甩油盘来提高溅油效果。溅油及油池润滑如图 2-4 所示。

### 2.3.2　稀油集中循环润滑系统

稀油集中循环润滑系统是指用油泵加压将润滑油泵送到各润滑点进行连续的强制润滑的系统，系统中设置了油箱、油泵、冷却器、过滤器、安全阀和各种控制仪表。

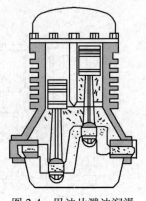

图 2-4　甩油片溅油润滑

# 2.4 干油润滑系统

干油润滑虽然比稀油润滑的阻力大，但由于密封简单、不易泄漏和流失，所以在稀油容易泄漏和不适宜稀油润滑的地方，特别具有优越性。如轴承、开式齿轮传动、链条、某些导轨和机械上各种不适于稀油润滑的部位，特别是滚动轴承上用得最多。

近年来，由于新型润滑脂的研制和润滑方法的改进，在闭式齿轮、蜗轮传动中，使用带抗磨、极压添加剂（如 $MoS_2$）的润滑脂也日益增多。

根据摩擦副的不同，有的采用单独分散的润滑方式（即由人工定期用加脂枪向润滑点或油脂杯添加润滑脂）；有的则因摩擦副的数量多、工作条件的限制、用人工加脂有一定的困难（如高温、润滑点多、人工加脂忙不过来、人工加脂不易接近润滑点），则必须采用干油集中润滑系统定期加润滑脂。

干油润滑的分类方法有以下几种：

（1）按润滑方式可分为：干油分散润滑和干油集中润滑；

（2）按压油的动力来源：可分为手动干油润滑站和自动干油润滑站；

（3）按给油器的结构：可分为单线和双线干油润滑系统；

（4）按主输油管的布置方式：可分为环式和流出式干油集中润滑系统。

手动干油分散润滑主要靠人工加脂，使用的装置主要有手动加脂的旋盖式干油杯和用脂枪加脂的压注油嘴。手动干油集中润滑系统由手动干油站、滤油器、给油器、主油管和支油管组成。单线流出式干油集中润滑系统主要由单线电动干油泵、滤油器、主油管、支油管和片式给油器组成。

# 2.5 典型零部件的润滑

## 2.5.1 滑动轴承的润滑

滑动轴承的润滑，主要是正确确定轴承的润滑方式、润滑材料、耗油量及润滑周期等。

### 2.5.1.1 润滑方式的选择

滑动轴承的润滑方式与轴承的载荷、速度、温度、轴承间隙及结构有关，通常用下列经验公式估算：

$$k = \sqrt{10^{-5}pv^3} \quad p = P/dL \tag{2-1}$$

式中 $p$——轴颈投影面上的平均单位压力，Pa；

$P$——轴承的载荷，N；

$d$——轴颈直径，m；

$L$——轴颈长度，m；

$v$——轴颈圆周速度，m/s。

用 $k$ 值选择润滑方式：

$k \leqslant 6$ 时，用润滑脂润滑；

$k = 6 \sim 50$ 时，用润滑油，采用针阀油杯或油绳润滑；

$k = 50 \sim 100$ 时，用润滑油，油环或飞溅润滑，但应对润滑油采取冷却措施；

$k > 100$ 时，用润滑油，集中压力循环润滑。

#### 2.5.1.2　滑动轴承用润滑油的选择

一般滑动轴承转数不高、载荷较大及加工精度低，通常处于边界润滑状态，除选择合适的黏度外，还应注意油性和抗压性。

流体动压轴承对润滑油的抗氧化及热氧化安定性、抗腐蚀及黏温性能要求较高，应采用专门的油膜轴承油。例如：小型的线材轧机可选用 N46 汽轮机油；低速板带轧机可选用 28 号轧钢机油；矿山破碎机选用极压工业齿轮油。

A　润滑油黏度的选择

查图 2-5，按转速和载荷找出一点，平行找到不同温度的润滑油的黏度值。

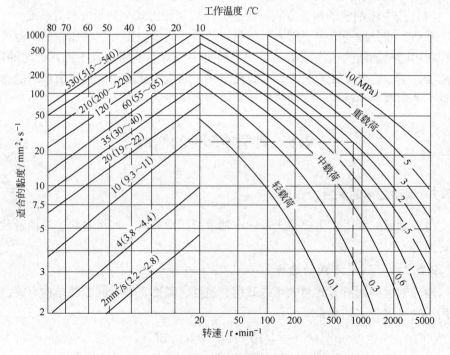

图 2-5　径向滑动轴承适用润滑油的黏度选择

（图中右边一组黏温曲线上标的黏度值为 37.8℃时的黏度值）

例如：轴承转速 750r/min，载荷 2MPa 工作温度 55℃。由图 2-5 750r/min 处作垂线与 2MPa 的载荷曲线的交点作水平线。再从工作温度 55℃处作垂线，垂线与水平线的交点正好落在 60mm²/s 这条黏温曲线的附近，因此所选的润滑油黏度（37.8℃）为 60mm²/s。若从水平直线在黏度坐标轴上直接读出的黏度值为 30mm²/s 左右，即是该油在 55℃工作温度下的真实黏度。

B　润滑油牌号的选择

查出适用黏度后，可按黏度选择润滑油的牌号。

过去，低速中等载荷的滑动轴承一般选择普通机械油、汽油、机油；低速重载的滑动轴承选择高黏度的普通机械油或渣油型汽油机油及 28 号轧钢机油。

现在低速中等载荷的滑动轴承采用油性好的通用型机床工业用润滑油；中速重载的滑动轴承采用中极压工业齿轮油；低速重载的滑动轴承采用高黏度中极压工业齿轮油。

C　耗油量

对人工加油、滴油和线芯润滑的滑动轴承的耗油量，主要根据轴颈直径、转速、轴承长度与轴颈直径的比值 $L/d$ 确定。当 $L/d = 1$ 时，每 8h 的耗油量可参考表 2-4。

表 2-4　滑动轴承滴油和线芯润滑每班（8h）的耗油量　　　　　　（g）

| 轴颈 /mm | 轴的转速/r·min⁻¹ | | | | | | | |
|---|---|---|---|---|---|---|---|---|
| | 50 | 100 | 150 | 250 | 350 | 500 | 700 | 1000 |
| 30 | 1 | 1 | 3 | 6 | 7 | 10 | 14 | 20 |
| 40 | 1 | 2 | 6 | 9 | 12 | 18 | 24 | 34 |
| 50 | 3 | 5 | 9 | 14 | 20 | 29 | 40 | 68 |
| 60 | 5 | 10 | 14 | 22 | 31 | 45 | 62 | 90 |
| 70 | 7 | 13 | 19 | 32 | 44 | 63 | 88 | 127 |
| 80 | 9 | 17 | 26 | 42 | 59 | 84 | 118 | 168 |
| 90 | 11 | 22 | 33 | 54 | 76 | 108 | 152 | 216 |
| 100 | 14 | 28 | 42 | 72 | 96 | 140 | 196 | 280 |
| 110 | 18 | 34 | 52 | 88 | 120 | 172 | 240 | 344 |
| 120 | 22 | 42 | 62 | 104 | 144 | 208 | 288 | — |
| 130 | 26 | 51 | 77 | 128 | 180 | 256 | 360 | — |
| 140 | 30 | 61 | 94 | 152 | 212 | 304 | — | — |
| 150 | 35 | 70 | 106 | 176 | 248 | 352 | — | — |

根据油线厚度不同，油环润滑的耗油量参考表 2-5，油绳、油杯的供油能力可参考表 2-6。

表 2-5  滑动轴承油环润滑的耗油量

| 轴径/mm | 油槽容积/g | 8h 工作的耗油量/kg | 一次添加油量/g |
|---|---|---|---|
| ≤40 | 0.2 | 3 | 45 |
| 40~50 | 0.25 | 4 | 60 |
| 50~60 | 0.5 | 6 | 90 |
| 60~70 | 0.8 | 9 | 135 |
| 70~80 | 1.2 | 11 | 165 |
| 80~90 | 1.6 | 14 | 210 |
| 90~100 | 2.0 | 16 | 240 |
| 110~120 | 3.0 | 20 | 300 |
| 120~135 | 4.0 | 24 | 360 |
| 135~150 | 5.0 | 28 | 420 |

表 2-6  油绳、油杯每条油线进油参考数值

| 油线厚度/mm | 每 8h 进油量/g | 油线厚度/mm | 每 8h 进油量/g |
|---|---|---|---|
| 3 | 15 | 6~8 | 20 |
| 4~5 | 17 | 9~12 | 30 |

如果从轴承中流出的油量非常少，说明供油不足，将会造成轴承温度上升，加剧轴颈和轴承衬的磨损，因此应适当加大给油量；若流出的油都是新油，则说明给油太多，这样又会造成浪费，因此，应当减小给油量。

### 2.5.1.3  滑动轴承用润滑脂的选择

当 $k \leq 6$ 时，不宜或不便采用润滑油的地方，采用润滑脂。滑动轴承用润滑脂的牌号可参考表 2-7。

油脂耗量参考表 2-8。

表 2-7  滑动轴承润滑脂的选用

| 单位负荷 /$10^5$Pa | 圆周速度 /m·s$^{-1}$ | 最高工作温度 /℃ | 选用润滑脂牌号 |
|---|---|---|---|
| 10 以内 | ~1 | 75 | 3 号钙基脂 |
| 10~65 | 0.5~5 | 55 | 2 号钙基脂 |
| 65 以上 | ~0.5 | 75 | 3 或 4 号钙基脂 |
| 65 以内 | 0.5~5 | 120 | 1 或 2 号钠基脂 |
| 65 以上 | ~0.5 | 110 | 1 号钙基脂 |
| 10~65 | ~1 | -50~100 | 锂基脂 |
| 65 以上 | ~0.5 | 60 | 2 号压延机脂 |

**表 2-8　滑动轴承用润滑脂的消耗量**（当 $L/d = 1$ 时，每 8h）　　（g）

| 轴颈直径/mm | 转速/r·min⁻¹ | | | | | | | |
|---|---|---|---|---|---|---|---|---|
| | ≤100 | | 100~200 | | 200~300 | | 300~400 | |
| | 正常工作条件 | 繁重工作条件 | 正常工作条件 | 繁重工作条件 | 正常工作条件 | 繁重工作条件 | 正常工作条件 | 繁重工作条件 |
| 40 | 0.5 | 0.5 | 0.8 | 0.9 | 1 | 1.1 | 1.2 | 1.5 |
| 50 | 0.8 | 0.9 | 1.1 | 1.4 | 1.5 | 1.8 | 2.0 | 2.5 |
| 60 | 1.2 | 1.4 | 1.6 | 2.0 | 2.1 | 2.5 | 2.8 | 3.5 |
| 70 | 1.5 | 2 | 2.5 | 3 | 3.1 | 3.5 | 3.8 | 4.5 |
| 80 | 2 | 2.5 | 3 | 3.5 | 3.6 | 4 | 4.5 | 5.5 |
| 90 | 2.5 | 3 | 4 | 4.5 | 4.6 | 5 | 6 | 6.5 |
| 100 | 3.5 | 4 | 5 | 5.5 | 6 | 7 | 8 | 9 |
| 110 | 5 | 5.5 | 7 | 8 | 9 | 10 | 12 | 13 |
| 120 | 6 | 7 | 10 | 11 | 13 | 15 | 17 | 18 |
| 130 | 80 | 9 | 14 | 15 | 17 | 19 | 21 | 23 |
| 140 | 10 | 11 | 18 | 19 | 21 | 23 | 26 | 28 |
| 150 | 12 | 13 | 21 | 23 | 25 | 28 | 31 | 33 |
| 160 | 15 | 16 | 25 | 27 | 29 | 33 | 36 | 39 |
| 170 | 17 | 19 | 28 | 31 | 33 | 38 | 41 | 45 |
| 180 | 19 | 21 | 32 | 35 | 38 | 43 | 46 | 51 |
| 190 | 22 | 24 | 35 | 38 | 42 | 48 | 51 | 57 |
| 200 | 25 | 27 | 38 | 41 | 47 | 53 | 57 | 63 |

### 2.5.1.4　滑动轴承润滑周期的确定

滑动轴承的供脂方法、润滑周期（也称为润滑制度）等均与润滑脂的耗用量有关。

滑动轴承的干油润滑制度可以根据滑动轴承轴颈的转速、工作温度和工作连续状况来确定加脂的润滑间隔周期，也可以按供油方式或装置以及工作条件制定，可参考表 2-9。

**表 2-9　滑动轴承干油润滑制度**

| 供油方式或装置 | 工　作　条　件 | 润　滑　制　度 |
|---|---|---|
| 旋盖干油杯 | 重载荷，间歇工作 | 8h 给脂 1 次 |
| 压力球阀油杯 | 正常温度，经常运转 | 8h 给脂 1~2 次 |
| 集中润滑系统 | （1）重载荷，高温下经常运转；<br>（2）小载荷，间歇工作；<br>（3）偶尔运转，不经常工作 | 8h 给脂 2~3 次；<br>1~2 天给脂 1 次；<br>4~6 天给脂 1 次 |

### 2.5.1.5 滑动轴承的引油方法和润滑油沟

滑动轴承的润滑还涉及正确布置向摩擦表面引油的排油孔，应具有适当的润滑油沟。

**A 引油**

应在油膜上负荷最小的地方将油引入摩擦表面。

**a 滑动轴承**

最好的方法：上部铲成镰刀弯，润滑油流入轴承体上镰刀弯形腔内，当轴转动时，一部分润滑油从下轴瓦的孔流入楔形间隙中，产生支承负荷的流体压力形成润滑油膜；另一部分流入轴径上轴瓦间环形间隙中，用以强烈冷却轴径，然后从轴承两端流出。

**b 滚动轴承**

引入轴承上部空腔中，当轴承转动时，形成油膜。

**B 油沟**

油沟不应开在油膜承载区，不应当有尖锐的边缘，也不应该太接近边界。

对于开式滑动轴承，为了保证润滑油输入负荷部分和具有一定的冷却效果，在下轴瓦部采用其他形状的油沟。

采用润滑脂的油沟尺寸应比采用润滑油的尺寸大一些，因为润滑脂流动性较差。

## 2.5.2 滚动轴承的润滑

滚动轴承的润滑主要是正确确定轴承的润滑方式和润滑剂。

### 2.5.2.1 润滑方式的选择

滚动轴承的润滑方法与轴承的类型、尺寸和运转条件有关。

一般滚动轴承可以用润滑油，也可以用润滑脂，特殊情况下采用固体润滑剂。

### 2.5.2.2 滚动轴承用润滑油的选择

滚动轴承用润滑油不仅要有合适的黏度，还要有良好的抗氧化安定性、热氧化安定性，不含机械杂质和水分。另外，滚动轴承和滚道存在较多滑动摩擦的滚动轴承（如球面滚子轴承），在载荷较重条件下，可采用加入极压添加剂的润滑油。

**A 润滑油黏度的选择**

按内径、转数，对应工作温度从图 2-6 选择适合黏度。

**B 润滑油牌号的选择**

一般载荷：普通机械油、机床工业用润滑油；

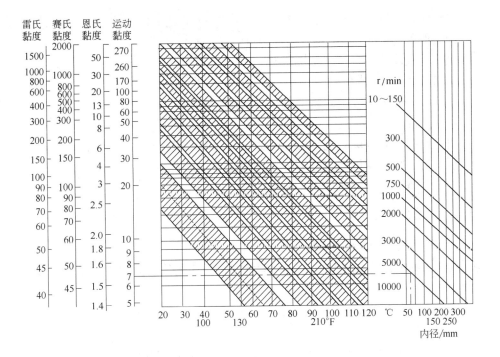

图 2-6 滚动轴承用润滑油的适合黏度选择图

重载或冲击载荷：选黏度相同，但有油性和极压添加剂的润滑油。

C 滚动轴承用润滑油的耗油量

耗油量：

$$Q = 0.00075db \qquad (2-2)$$

式中 $Q$——润滑油的消耗量，g/h；

$d$——轴承内径，mm；

$b$——轴承宽度，mm。

滚动轴承在正常工作条件下（有良好的密封、没有灰尘及水分侵入、工作温度不超过45℃），每3个月换一次油。如果轴承在温度较高（50℃以上）或有灰尘及水分侵入的环境中工作，则每一至半个月换一次油。

### 2.5.2.3 滚动轴承用润滑脂的选择

A 针入度的选择

一般转速和载荷：选2号润滑脂（针入度265~295）

速度高：选1号、0号润滑脂（针入度310~340，340~380）

低速重载：选3号、4号润滑脂（针入度220~250，175~205）

干油集中润滑用1号或2号。

B 润滑脂品种的选择

低速低负荷：钙基脂和钠基脂（便宜）；

低速重载冲击：二硫化钼锂基脂；

高温：高温润滑脂；

高速（5000r/min）左右：7018 高转速润滑脂。

C 消耗量

（1）$n = 1500$r/min 以上，装入量为空间 30%～50%；

（2）$n = 1500$r/min 以下，装入量为空间 60%～70%；

（3）低速：装入量为空间 100%。

### 2.5.3 齿轮及蜗轮传动的润滑

A 开式齿轮传动的润滑

人工涂抹润滑脂或二硫化钼半干膜润滑，再用干油喷溅方式保膜，是较好的润滑方式。

B 闭式齿轮及蜗轮传动的润滑

a 润滑方式的选择

$v < 15$m/s 齿轮传动，$v < 10$m/s 蜗轮传动，采用油浴润滑；

高速（$v > 15$m/s），采用压力喷淋，循环润滑；

低速，采用喷淋和油雾润滑；

中低速减速机和蜗杆蜗轮减速机，采用 BLN 半流体脂和 7407 脂效果不错；

大型低速齿轮采用干油喷溅、二硫化钼半干膜润滑。

b 渐开线齿轮及蜗轮传动润滑油的选择

按黏度选择经验公式：

$$°E_{50} = \frac{kp}{20}$$

式中 $k$——速度系数，见表 2-10；

表 2-10 速度系数

| $v/\text{m} \cdot \text{s}^{-1}$ | 8 | 8~16 | 16~25 |
|---|---|---|---|
| $k$ | 1.6 | 1.2 | 0.85 |

$p$——单位齿宽负荷，kN/m：

$$p = \frac{N}{vL}$$

$N$——传动功率，kW；

$v$——速度，m/s；

$L$——齿宽，m。

上述计算只适用于不带飞轮的传动，如果带飞轮，还应考虑飞轮释放出来的能量，在齿轮上增加的压力。

c   圆弧齿轮减速器用润滑油黏度的选择

选用润滑油黏度不低于渐开线齿轮减速器所用油的黏度。

d   润滑油牌号的选用

一般原则：凡是生产有专用油，最好采用专用油；

中速轻载：通用型机床工业用润滑油；

低速重载：中极压工业齿轮油（推荐产品）。

# 思 考 题

## 一、名词解释：

流体润滑，流体动压润滑，流体静压润滑，闪点，凝点，抗乳化度，抗氧化安定性，热氧化安定性，抗磨性，针入度，滴点，稀油润滑，干油润滑，动力黏度，运动黏度，恩氏黏度。

## 二、简答题：

1. 润滑的分类有哪些？

2. 润滑材料的分类有哪些？

3. 润滑油的物理化学性能及主要质量指标是什么？

4. 润滑脂的物理化学性能及主要质量指标是什么？

5. 常用稀油润滑装置有哪些？

6. 稀油集中循环润滑系统的组成是什么？

7. 干油润滑的分类是什么？

8. 滑动轴承的润滑，主要是正确确定哪些参数？

9. 滚动轴承的润滑方法与哪些参数有关？

# 3 机械的拆卸与装配

## 3.1 概 述

### 3.1.1 机械装配的概念

机器是由许多零件组合起来的，它们之间有一定的联系，必须把零件按一定的技术要求装配起来，才能组成一台机器进行工作。另外机器在使用过程中总是要磨损的，必须进行检修和重新装配。研究零件的装配，特别是标准件的装配是非常重要的。

组成机器的零部件可以分为两大类，一类是标准零部件，如轴承、联轴器、键销、螺栓等，它们是机器配置的主要组成部分，并且数量很多。另一类是非标准件，在机器上数量不多。在研究零部件的装配时，主要讨论标准件的装配问题。

零件的连接分为固定连接和活动连接两种，固定连接是使零件或部件固定在一起而没有任何相对运动的连接。如螺栓连接、键连接、焊接及过盈配合等；活动连接是用以连接零件和部件，使它们保持一定性质的相对运动。例如，滑动轴承和轴颈的连接，保证轴的正常转动；齿轮和齿轮间的连接，保证动力的正常传递等。

### 3.1.2 机械装配的共性知识

机器的性能和精度是在机械零件加工合格的基础上，通过良好的装配工艺实现的。机器装配的质量和效率在很大程度上取决于零件加工的质量。机械装配又对机器的性能有直接的影响，如果装配不正确，即使零件加工的质量很高，机器也达不到设计的使用要求。不同的机器其机械装配的要求与注意事项各有特色，但机械装配需注意的共性问题通常有保证装配精度和重视装配的密封性两方面。

#### 3.1.2.1 保证装配精度

保证装配精度是机械装配工作的根本任务。装配精度包括配合精度和尺寸链精度。

##### A 配合精度

在机械装配过程中大部分工作是保证零部件之间的正常配合。为了保证配合精度，装配时要严格按公差要求选择合适的装配方法。目前常采用的保证配合精度的装配方法有完全互换法、分组选配法、调整法、修配法。

（1）完全互换法：相互配合零件公差之和小于或等于装配允许公差，零件完全互换。对零件不需挑选、调整或修配就能达到装配精度要求。该方法操作方便，易于掌握，生产效率高，便于组织流水作业，但对零件的加工精度要求较高。适用于配合零件较少、批量较大的场合。

（2）分组选配法：采用这种方法将零件的加工公差按装配精度要求的允许偏差放大若干倍，对加工后的零件测量分组，对应的组进行装配，同组可以互换。零件能按经济加工精度制造，配合精度高，但增加了测量分组工作。适用于成批或大量生产，配合零件少，装配精度较高的场合。

（3）调整法：选定配合副中一个零件制造成多种尺寸作为调整件，装配时利用它来调整到装配允许的偏差；或采用可调装置如斜面、螺纹等改变有关零件的相互位置来达到装配允许偏差。零件可按经济加工精度制造，能获得较高的装配精度。但装配质量在一定程度上依赖操作者的技术水平。调整法可用于多种场合。

（4）修配法：在某零件上预留修配量，在装配时通过修去其多余部分达到要求的配合精度。这种方法零件可按经济加工精度加工，并能获得较高的装配精度。但增加了装配过程中的手工修配和机械加工工作量，延长了装配时间，且装配质量在很大程度上依赖工人的技术水平。适用于单件小批量生产，或装配精度要求高的场合。

上述四种装配方法中，分组选配法、调整法、修配法过去采用得比较多，采用完全互换法比较少。但随着科学技术的进步，生产的机械化、自动化程度不断提高，较高的零件加工精度已不难实现。由于现代化生产的大型、连续、高速和自动化的特点，完全互换法已在机械装配中日益广泛采用，成为发展方向。

B　尺寸链精度

机械装配过程中，有时虽然各配合件的配合精度满足了要求，但是累积误差所造成的尺寸链误差可能超出设计范围，影响机器的使用性能。因此装配后必须进行检验，当不符合设计要求时，必须重新进行选配或更换某些零部件。

### 3.1.2.2　重视装配工作的密封性

在机械装配过程中，如果密封装置位置不当、选用密封材料和预紧程度不合适、密封装置的装配工艺不符合要求，都可能产生机械设备漏油、漏水、漏气等现象，轻则损失能源，造成环境污染，使机械设备降低或丧失工作能力；重则可能发生严重事故。

因此在装配工作中，对密封性必须给予足够重视。要恰当地选用密封材料，严格按照正确的工艺过程合理装配，要有合理的装配紧度，并且压紧要均匀。

装配的工艺过程一般是：机械装配前的准备工作、装配、检验和调整。

# 3.2　机械零件的拆卸

### 3.2.1　机械零件拆卸的一般规则和要求

拆卸的目的是为了便于检查和维修。由于机械设备的构造各有其特点，零部件在质量、结构、精度等各方面存在差异，因此若拆卸不当，将使零部件受损，造成不必要的浪费，甚至无法修复。为保证维修质量，在解体之前必须周密计划，对可能遇到的问题有所估计，做到有步骤地进行拆卸，一般应遵循下列规则和要求。

（1）拆卸前必须先弄清楚构造和工作原理，做到心中有数，不能粗心大意。

（2）拆卸前做好准备工作，包括场地的选择、清理，拆前断电、擦拭、放油，对电气件和易氧化、易腐蚀的零件进行保护等。

（3）从实际出发，可不拆的尽量不拆，但需要进行必要的试验和诊断，确信无隐蔽缺陷，需要拆的一定要拆。

（4）使用正确的拆卸方法，保证人身和机械设备安全。拆卸的顺序一般与装配的顺序相反，先拆外部附件，再将整机拆成总成、部件，最后全部拆成零件，并按部件汇集放置。有的拆卸需要采取必要的支承和起重措施。

（5）对轴孔装配件应坚持拆与装所用的力相同原则。

（6）拆卸应为装配创造条件，对不能互换的零件要成组存放或打标记。

拆卸主要是指连接件的拆卸，除应遵守上述规则以外，还应掌握拆卸的方法。

### 3.2.2　常用的拆卸方法

机械零件常用的拆卸方法有击锤法、拉拔法、顶压法、温差法和破坏法。

（1）击锤法：利用锤子或其他重物在敲击或撞击零件时产生的冲击能量把零件拆下。

（2）拉拔法：对精度较高不允许敲击或无法用击卸法拆卸的零部件应使用拉拔法。它是采用专门拉器进行拆卸。

（3）顶压法：利用螺旋 C 形夹头、机械式压力机、液压压力机或千斤顶等工具和设备进行拆卸。适用于形状简单的过盈配合件。

（4）温差法：拆卸尺寸较大、配合过盈量较大或无法用击卸、顶压等方法拆卸时，或为使过盈较大、精度较高的配合件容易拆卸，可用此种方法。温差法是利用材料热胀冷缩的性能加热包容件，使配合件在温差条件下失去过盈量，实现拆卸。

（5）破坏法：若必须拆卸焊接、铆接等固定连接件，或轴与套互相咬死，或为保存主件而破坏副件时，可采用车、锯、錾、钻、割等方法进行破坏性拆卸。

### 3.2.3 典型连接件的拆卸

#### 3.2.3.1 螺纹连接件

螺纹连接应用广泛，它具有简单、便于调节和可多次拆卸装配等优点。虽然它拆卸较容易，但有时因重视不够或工具选用不当、拆卸方法不正确而造成损坏，应特别引起注意。

A 一般拆卸方法

首先要认清螺纹旋向，然后选用合适的工具，尽量使用呆扳手或螺钉旋具、双头螺栓专用扳手等。拆卸时用力要均匀，只有受力大的特殊螺纹才允许用加长杆。

B 特别情况的拆卸方法

（1）断头螺钉的拆卸：机械设备中的螺钉头有时会被打断，断头螺钉在机体表面以下时，可在断头端的中心钻孔，攻反向螺纹，拧入反向螺钉旋出（见图3-1a）；在机体表面以上时，可在螺钉上钻孔，打入多角淬火钢杆，再把螺钉拧出（见图3-1b）；也可在断头上锯出沟槽，用一字形螺钉旋具拧出；或用工具在断头上加工出扁头或方头，用扳手拧出；或在断头上加焊弯杆拧出；也可在断头上加焊螺母拧出（见图3-1c）；当螺钉较粗时，可用扁錾沿圆周剔出。

（2）打滑内六角螺钉的拆卸：当内六角磨圆后出现打滑现象时，可用一个孔径比螺钉头外径稍小一点的六方螺母，放在内六角螺钉头上，将螺母和螺钉焊成一体，用扳手拧螺母即可把螺钉拧出（见图3-2）。

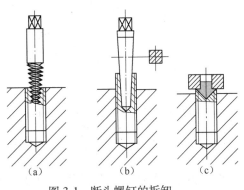

(a)　　　(b)　　　(c)

图 3-1　断头螺钉的拆卸

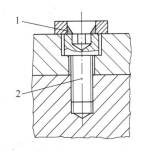

图 3-2　打滑内六角螺钉的拆卸

1—螺母；2—螺钉

（3）锈死螺纹的拆卸：可向拧紧方向拧动一下，再旋松，如此反复，逐步拧出；或用手锤敲击螺钉头、螺母及四周，锈层震松后即可拧出；还可在螺纹边缘浇些煤油或柴油，浸泡 20min 左右，待锈层软化后拧出；若上述方法均不可行，而零件又允许，可快速加热包容件，使其膨胀，软化锈层也能拧出；还可用錾、锯、钻等方法破坏螺纹件。

（4）成组螺纹连接件的拆卸：它的拆卸顺序一般为先四周后中间，对角线方向轮换。先将其拧松少许或半周，然后再顺序拧下，以免应力集中到最后的螺钉上，损坏零件或使结合件变形，造成难以拆卸的困难。要注意先拆难以拆卸部位的螺纹件。

### 3.2.3.2　过盈连接件

拆卸过盈件，应按零件配合尺寸和过盈量大小，选择合适的拆卸工具和方法。视松紧程度由松至紧，依次用木槌、铜棒、手锤或大锤、拉器、机械式压力机、液压压力机、水压机等进行拆卸。过盈量过大或为保护配合面，可加热包容件或冷却被包容件后再迅速压出。

无论使用何种方法拆卸，都要检查有无定位销、螺钉等附加固定或定位装置，若有必须先拆下。施力部位要正确，受力要均匀，方向要无误。

### 3.2.3.3　滚动轴承的拆卸

拆卸滚动轴承时，除按过盈连接件的拆卸要点进行外，还应注意尽量不用滚动体传递力；拆卸末端的轴承时，可用小于轴承内径的铜棒或软金属、木棒抵住轴端，在轴承下面放置垫铁，再用手锤敲击（见图 3-3、图 3-4）。

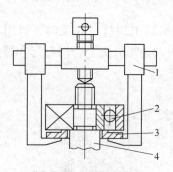

图 3-3　轴承拆卸方法之一
1—拆卸器；2—轴承；3—环形件；4—轴

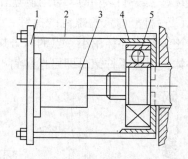

图 3-4　轴承拆卸方法之二
1—底板；2—拉杆；3—液压千斤顶；
4—角钢；5—轴承

### 3.2.3.4　不可拆连接的拆卸

焊接件的拆卸可用锯割、扁錾切割、小钻头钻一排孔后再錾或锯，以及气割等。铆接件的拆卸可錾掉、锯掉、气割铆钉头或用钻头钻掉铆钉等。

# 3.3 零件的清洗

在维修过程中搞好清洗是做好维修工作的重要一环。清洗方法和清洗质量对鉴定零件的准确性、维修质量、维修成本和使用寿命等均产生重要影响。清洗包括清除油污、水垢、积炭、锈层和旧漆层等。

根据零件的材质、精密程度、污物性质和各工序对清洁程度的要求不同，必须采用不同的清洗方法，选择适宜的设备、工具、工艺和清洗介质，以便获得良好的清洗效果。

## 3.3.1 拆卸前的清洗

拆卸前的清洗主要是指拆卸前的外部清洗。外部清洗的目的是除去机械设备外部积存的大量尘土、油泥、泥沙等污物，以便于拆卸和避免将尘土、油泥等污物带入厂房内部。外部清洗一般采用自来水冲洗，即用软管将自来水接到被清洗部位，用水流冲洗油污，采用刮刀、刷子配合进行；高压水冲刷即采用 1 ~ 10MPa 压力的高压水流进行冲刷。对于密度较大的厚层污物，可加入适量的化学清洗剂并提高喷射压力和水的温度。

常见的外部清洗设备有单枪射流清洗机和多喷嘴射流清洗机。单枪射流清洗机是靠高压连续射流或汽水射流的冲刷作用或射流与清洗剂的化学作用相配合来清除污物；多喷嘴射流清洗机有门框移动式和隧道固定式两种，喷嘴安装位置和数量根据设备的用途不同而异。

## 3.3.2 拆卸后的清洗

### 3.3.2.1 清洗油污

凡是和各种油料接触的零件在解体后都要进行清除油污的工作，即除油。油可分为两类：可皂化的油，就是能与强碱起作用生成肥皂的油，如动物油、植物油，即高分子有机酸盐；还有一类是不可皂化的油，它不能与强碱起作用，如各种矿物油、润滑油、凡士林和石蜡等。它们都不溶于水，但可溶于有机溶剂。去除这些油类，主要是用化学方法和电化学方法。常用的清洗液为有机溶剂、碱性溶液和化学清洗液等。清洗方式则有人工清洗和机械清洗两种方式。

A 清洗液

（1）有机溶剂：常见的有煤油、轻柴油、汽油、丙酮、酒精和三氯乙烯等。有机溶剂除油是以溶解污物为基础，它对金属无损伤，可溶解各类油脂，不需加热，使用简便，清洗效果好。但有机溶剂多数为易燃物，成本高，主要适用于规模小的单位和分散的维修工作。

（2）碱性溶液：是碱或碱性盐的水溶液。利用碱性溶液和零件表面上的可皂化油起化学反应，生成易溶于水的肥皂和不易浮在零件表面上的甘油，然后用热水冲洗，很容易除油。对不可皂化油和可皂化油不容易去掉的情况，应在清洗溶液中加入乳化剂，使油垢乳化后与零件表面分开。常用的乳化剂有肥皂、水玻璃（硅酸钠）、骨胶、树胶等。清洗不同材料的零件应采用不同的清洗溶液。碱性溶液对于金属有不同程度的腐蚀作用，尤其是对铝的腐蚀较强。

用碱性溶液清洗时，一般需要将溶液加热到 80~90℃。除油后用热水冲洗，去掉表面残留碱液，防止零件被腐蚀。碱性溶液应用最广。

（3）化学清洗液：是一种化学合成水基金属清洗剂，以表面活性剂为主。由于其表面活性物质降低界面张力而产生湿润、渗透、乳化、分散等多种作用，具有很强的去污能力。它还具有无毒、无腐蚀、不燃烧、不爆炸、无公害、有一定防锈能力、成本较低等优点，目前已逐步替代其他清洗液。

B　清洗方法

油污的清洗方法主要有擦洗、煮洗、喷洗、振动清洗和超声清洗。

### 3.3.2.2　清洗水垢

机械设备的冷却系统长期使用硬水或含杂质较多的水，会在冷却器及管道内壁上沉积一层黄白色的水垢。它的主要成分是碳酸盐、硫酸盐，有的还含有二氧化硅等。水垢使水管截面缩水，热导率降低，严重影响冷却效果，从而影响冷却系统的正常工作，必须定期清除。

水垢的清除方法可用化学去除法，有酸盐清除水垢、碱溶液清除水垢和酸洗清除水垢。

### 3.3.2.3　清除积炭

在维修过程中常遇到清除积炭的问题，如发动机中的积炭大部分积聚在气门、活塞、汽缸盖上。积炭的成分与发动机的结构、零件的部位、燃油、润滑油的种类、工作条件以及工作时间等有很大的关系。积炭是由于燃料和润滑油在燃烧过程中不能完全燃烧，并在高温作用下形成的一种由胶质、沥青质、油焦质、润滑油和炭质等组成的复杂混合物。这些积炭影响发动机某些零件散热效果，恶化传热条件，影响其燃烧性，甚至会导致零件过热，形成裂纹。

目前，经常使用机械清除法、化学法和电解法等进行积炭清除。

### 3.3.2.4　除锈

锈是金属表面与空气中氧、水分以及酸类物质接触而生成的氧化物，如 $FeO$、$Fe_3O_4$、$Fe_2O_3$ 等，通常称为铁锈。去锈的主要方法有机械法、化学酸洗法和电化学酸蚀法。

### 3.3.2.5　清除漆层

零件表面的保护层需根据其损坏程度和保护涂层的要求进行全部或部分清

除。清除要冲洗干净，以便再喷刷新漆。

清除方法一般用手工工具，如刮刀、砂纸、钢丝刷或手提式电动、风动工具进行刮、磨、刷等。有条件的也可以用各种配制好的有机溶剂、碱性溶液等作退漆剂，涂刷在零件的漆层上，使之溶解软化，再借助手工工具去除漆层。

为完成各道清洗工序，可使用一整套各种用途的清洗设备，包括喷淋清洗机、浸浴清洗机、喷枪机、综合清洗机、环流清洗机、专用清洗机等。究竟采用哪一种设备，要考虑其用途和生产场所。

# 3.4 零件的检验

维修过程中检验工作包含的内容很广，在很大程度上，它是制定维修工艺措施的主要依据，决定零部件的齐取和装配质量，影响维修成本，是一项重要的工作。

## 3.4.1 检验的原则

零件检验一般遵循以下三项原则：

（1）在保证质量的前提下，尽量缩短维修时间，节约原材料、配件、工时，提高利用率，降低成本。

（2）严格掌握技术规范、修理规范，正确区分能用、需修、报废的界限，从技术条件和经济效果综合考虑。既不让不合格的零件继续使用，也不让不必维修或不应报废的零件进行修理或报废。

（3）努力提高检验水平，尽可能消除或减少误差，建立健全合理的规章制度。按照检验对象的要求，特别是精度要求选用检验工具或设备，采用正确的检验方法。

## 3.4.2 检验的内容

### 3.4.2.1 检验分类

检验一般分为修前检验、修后检验和装配检验。

A 修前检验

修前检验是在机械设备拆卸后进行。对已确定需要修复的零部件，可根据损坏情况及生产条件选择适当的修复工艺，并提出技术要求；对报废的零部件，要提出需补充的备件型号、规格和数量；不属备件的需要提出零件蓝图或测绘草图。

B 修后检验

修后检验是指零件加工或修理后检验其质量是否达到了规定的技术标准，确定是成品、废品或返修。

C　装配检验

装配检验是指检验待装零部件质量是否合格、能否满足要求；在装配中，对每道工序或工步都要进行检验，以免产生中间工序不合格，影响装配质量；组装后，检验累积误差是否超过技术要求；总装后要进行调整、工作精度、几何精度及其他性能检验、试运转等，确保维修质量。

### 3.4.2.2　零件检验的主要内容

零件检验的主要内容有零件的几何精度、表面质量、力学性能、内疵等。

（1）零件的几何精度：包括尺寸、形状和表面相互位置精度。经常检验的是尺寸、圆柱度、圆度、平面度、直线度、同轴度、平行度、垂直度、跳动等项目。

根据维修特点，有时不是追求单个零件的几何尺寸精度，而是要求相对配合精度。

（2）零件的表面质量：包括表面粗糙度，表面有无擦伤、腐蚀、裂纹、剥落、烧损、拉毛等缺陷。

（3）零件的物理力学性能：除硬度、硬化层深度外，对零件制造和修复过程中形成的性能，如应力状态、平衡状况、弹性、刚度、振动等也需根据情况适当进行校测。

（4）零件的内疵：包括制造过程中的内部夹渣、气孔、疏松、空洞、焊缝等缺陷，还有使用过程中产生的微观裂纹。

（5）零部件的质量和静动平衡：包括活塞、连杆组之间的质量；曲轴、风扇、传动轴、车轮等高速转动的零部件进行静动平衡。

（6）零件的材料性质：如零件合金成分、渗碳层含碳量、各部分材料的均匀性、铸铁中石墨的析出、橡胶材料的老化变质程度等。

（7）零件表层材料与基体的结合强度：如电镀层、喷涂层、堆焊层与基体金属的结合强度，机械固定连接件的连接强度，轴承合金和轴承座的结合强度等。

（8）组件的配合情况：如组件的同轴度、平行度、啮合情况与配合的严密性等。

（9）零件的磨损程度：包括正确识别摩擦磨损零件的可行性，由磨损极限确定是否能继续使用。

（10）密封性：如内燃机缸体、缸盖需进行密封试验，检查有无泄漏。

### 3.4.3　检验的方法

零件缺陷的检验方法主要有感觉检验法、工具仪器检验法和物理检验法。

A　感觉检验法

不用量具、仪器，仅凭检验人员的直观感觉和经验来鉴别零件的技术状况，统称感觉检验法。

这种方法精度不高，只适于分辨缺陷明显的或精度要求不高的零件，要求检验人员有丰富的经验和技术。

感觉检验法的具体方法有以下几种：目测、耳听和触觉。

（1）目测：用眼睛或借助放大镜对零件进行观察和宏观检验，如倒角、圆角、裂纹、断裂、疲劳剥落、磨损、刮伤、蚀损、变形、老化等，做出可靠的判断。

（2）耳听：根据机械设备运转时发出的声音，或敲击零件时的响声判断技术状态。零件无缺陷时声响清脆，内部有缩孔时声音相对低沉，若内部出现裂纹，则声音嘶哑。

（3）触觉：用手与被检验的零件接触，可判断工作时温度的高低和表面状况；将配合件进行相对运动，可判断配合间隙的大小。

B　工具和仪器检验法

这种方法由于能达到检验精度要求，所以应用最广。

（1）用各种测量工具（如卡钳、钢直尺、游标卡尺、百分尺、千分尺或百分表、千分表、塞规、量块、齿轮规等）和仪器检验零件的尺寸、几何形状、相互位置精度。

（2）用专用仪器、设备对零件的应力、强度、硬度、冲击性、伸长率等力学性能进行检验。

（3）用静动平衡试验机对高速运转的零件做静动平衡检验。

（4）用弹簧检验仪或弹簧秤对各种弹簧的弹性和刚度进行检验。

（5）对承受内部介质压力并需防止泄漏的零部件，需在专用设备上进行密封性能检验。

（6）用金相显微镜检验金属组织、晶粒形状及尺寸、显微缺陷，分析化学成分。

C　物理检验法

物理检验法是利用电、磁、光、声、热等物理量，通过零部件引起的变化来测定技术状况、发现内部缺陷。这种方法的实现是和仪器、工具检测相结合，它不会使零部件受伤、分离或损坏。目前普遍称之为无损检测。

对维修而言，这种检测主要是对零部件进行定期检查、维修检查、运转中检查，通过检查发现缺陷，根据缺陷的种类、形状、大小、产生部位、应力水平、应力方向等，预测缺陷发展的程度，确定采取修补或报废。

目前在生产中广泛应用的物理检验法有磁力法、渗透法、超声波法、射线法等。

# 3.5  过盈配合的装配

采用过盈配合的目的主要是使配合零件的连接能承受大的轴向力、扭矩及动载荷，故零件的材料应能承受最大过盈所引起的应力。而配合零件的连接强度在最大过盈时应得到保证。

常用的过盈配合的装配方法有常温下装配、热装配、冷装配、液压无键连接装配。

## 3.5.1  常温下装配

具体装入方法：打入法和压入法，靠打、压克服摩擦力。

打入法靠锤击的力量，主要用于压入力不大或不重要的连接之处。

压入法加力均匀，方向好控制，大的过盈可以在压床上进行。为了选择压床，必须计算压入力。计算压入力时要以装配件的实际测量尺寸为准，不能以图纸为准（实物与图纸不一定相符）。

压入力采用经验公式计算：

当轴、孔均为钢时：

$$P = \frac{28\left[\left(\dfrac{D}{d}\right)^2 - 1\right] iL}{\left(\dfrac{D}{d}\right)^2} \tag{3-1}$$

当轴为钢、孔为铸铁时：

$$P = \frac{42\left(\dfrac{D}{d} + 0.3\right) iL}{\dfrac{D}{d} + 6.35} \tag{3-2}$$

式中    $P$ ——压入力，kN；

$i$ ——实测过盈量，mm；

$L$ ——配合面的长度，mm；

$D$ ——孔件外径，mm；

$d$ ——孔件内径，mm。

为利于压入装配，可将计算的压入力再增大 20% ~ 30%，在压入配合件的孔和轴均涂以润滑油。表面粗糙度不低于 $\overset{1.6}{\bigvee}$，压入速度一般为 2~4mm/s。

热装配合的基本原理：通过加热使孔径膨胀增大一定数值，再装配零件轴，使轴自由地送入孔中，待孔冷却后，零件孔将零配件紧紧地抱住。

孔膨胀后的实际尺寸应比轴大，否则，无法装配。切忌出现中间抱住。

热装主要用于没有压床或直径大和过盈量大的零件。

A 加热温度的确定

为了使热装操作方便而有把握，规定加热温度应使孔的膨胀量达到实测过盈量的 2~3 倍（常采用 3 倍）。常用加热温度计算公式如下：

$$k_d d(t - t_0) = 3i$$

所以

$$t = \frac{3i}{k_d d} + t_0 \qquad (3\text{-}3)$$

式中　$t$——加热温度，℃；

　　　$i$——实测过盈量，mm；

　　　$k_d$——加热时孔材料线膨胀系数，℃$^{-1}$；

　　　$d$——未加热前孔的内径，mm；

　　　$t_0$——室温，℃。

B 加热温度的测量

测温材料：油类或有色金属。如：机油的闪点是 200~220℃，锡的熔点是 232℃，纯铅的熔点是 327℃；也可以用测温蜡笔及测温纸片以及半导体点接触测温计测温。

C 最终检查措施

样杆检查，样杆尺寸按实测过盈量大 3 倍制作，当样杆刚能放入孔时，则加热温度正合适。样杆直径 5mm，两头用砂轮打磨成锥形，操作手柄以 700mm 为宜，样杆和手柄焊在一起，如图 3-5 所示。

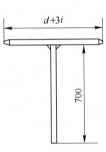

图 3-5 检测样杆

D 加热方法

（1）热浸加热法：用于过盈量小的配合，轴承等。

（2）氧—乙炔焰加热法：用于较小零件，但易过热。

（3）木柴或焦炭加热法：温度不均，不易控制，炉灰飞扬。

（4）煤气加热法：操作简单，温度易控制，适用于大零件，烧嘴布置好可保证加热均匀。

（5）电加热及电感应加热法：需要精密设备，适用于有易燃易爆标志的场所。

**例 3-1** $\phi800$ 人字齿轮轴轴头热装齿形联轴器的外齿套，人字齿轮轴轴头公称尺寸 $\phi500$，齿形联轴器的外齿套材质 45 号钢，$k_d = 12 \times 10^{-6}$ ℃$^{-1}$，装配室温零下 3℃，实测最大过盈量为 0.42mm，计算加热温度，说明加热办法、测温检查方法和装配过程。

**解**：①加热温度

$$t = \frac{3i}{k_d d} + t_0 = \frac{3 \times 0.42}{12 \times 10^{-6} \times 500} + (-3) = 207℃$$

②加热方法

外齿套用耐火砖垫好，下面均匀布置 4 个煤气烧嘴加热，外齿套上面盖大铁板，以便加热均匀。

③测温检查方法

半导体点接触测温计测温，采用样杆检查，样杆尺寸 $D = d + 3i = 500 + 3 \times 0.42 = 501.26mm$。

④装配过程

外齿套平放，水平仪找平，人字齿轮轴竖直吊起，挂线找正，迅速下落装配。

### 3.5.2　冷装配

当带孔零件较大而压入零件较小时，采用加热孔零件法既不方便也不经济，则可采用把被压入零件低温冷却的方法使其尺寸缩小，然后迅速将此零件装入到带孔零件中去。

冷却温度可用式（3-4）计算：

$$t = \frac{3i}{k_a d} - t_0 \qquad\qquad (3-4)$$

式中　$t$——冷却温度，℃；

　　$i$——实测过盈量，mm；

　　$k_a$——冷却时孔材料线膨胀系数，℃$^{-1}$；

　　$d$——被冷却件的公称尺寸，mm；

　　$t_0$——室温，℃。

常用冷却剂及冷却温度：

固体二氧化碳加酒精或丙酮：-75℃；

液氨：-120℃；

液氧：-180℃；

液氮：-190℃。

冷却前应将被冷却件的尺寸进行精确测量，并按冷装的工序及要求在常温下进行试装演习，其目的是为了准备好操作和检查的必要工具量具及冷藏运输容器，检查操作工艺是否合适。有制氧设备的冶金厂矿，此法应予推广。

冷却装配要特别注意操作安全，稍不小心便会冻伤人体。

### 3.5.3　液压无键连接

液压无键连接属于先进技术，用于高速重载、拆装频繁的连接件。

液压无键连接的原理是，利用钢的弹性膨胀和收缩使套件紧箍在轴上产生的摩擦力传递动力。

安装时，用高压油泵将油（油压可达200MPa以上）由包容件或被包容件上的油孔和油沟压入配合表面，使包容件内径涨大、被包容件外径缩小，同时施加　定的轴向力，使之相互压紧。

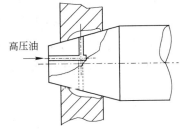

图3-6　液压无键连接

液压无键连接也称作液压套合法。尤其用在圆锥面的过盈连接上，如图3-6所示。

## 3.6　联轴器的装配

各种设备的旋转零件或部件都是靠轴来带动的，所以轴的装配质量对确保设备正常运行有很大的影响。

正确装配轴的基本要求是：轴与配合件间的组装位置正确，水平度、垂直度及同心度均应符合技术要求；轴应均匀地支承在轴承上，运转轻松和平稳，并且保持位置的正确性；轴上的轴承除一端定位外，其余轴承应有移动的余地，以适应轴的伸缩；在装配轴前应对轴的轴颈部位进行清洗，对轴进行弯曲检查，对一般的机器，当轴的转速小于500r/min时，最大允许挠度为0.3mm/m，大于500r/min时，则为0.2mm/m；在装配轴时，必须做好轴承的同心度、两根轴的垂直度或平等度以及轴与联轴器的同心度检查，轴承的同心度常用挂线的方法来检查，两根轴的垂直度或平行度常用角尺、内径千分尺以及弯规、挂线和用摇臂的测量方法。

联轴器用于连接不同机器或部件，将主动轴的运动及动力传递给从动轴。在装配各种联轴器时，总的要求是使连接的两根轴符合规定的同心度，保证它们的几何中心线相互重合。联轴器的装配包括两方面：一是将轮毂装配到轴上，另一个是联轴器的找正和调整。

轮毂与轴的装配大多采用过盈配合，装配方法可采用常温下装配、热装配、冷装配，下面讨论联轴器的找正和调整。

### 3.6.1　联轴器的装配间隙及测量方法

联轴器的间隙包括径向间隙 $a$ 和轴向间隙 $S$，如图3-7所示。

测量方法：安装机器时，一般是在主机中心位置固定并调整完水平之后，再进行联轴器的找正。通过测量与计算，分析偏差情况，调整原动机轴中心位置以达到主动轴与从动轴既同心又平行。

联轴器找正的方法有多种，常用的方法如下。

（1）角尺塞尺测量法（见图 3-8）。用角尺和塞尺测量联轴器外圆各方位上的径向偏差，用塞尺测量两半联轴器端面间的轴向间隙偏差，通过分析和调整，达到两轴对中。这种方法操作简单，但精度不高，对中误差较大。只适用于机器转速较低，对中要求不高的联轴器的安装测量。

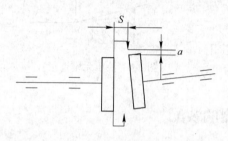

图 3-7  联轴器的间隙

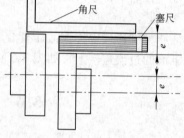

图 3-8  角尺和塞尺的测量方法

（2）中心卡塞尺测量法。用中心卡及塞尺的测量方法找正用的中心卡（又称对轮卡）结构形式有多种，根据联轴器的结构，尺寸选择适用的中心卡，常见结构如图 3-9 所示。中心卡没有统一规格，考虑测量和装卡的要求由钳工自行制作。

（3）百分表测量法。把专用的夹具（对轮卡）或磁力表座装在作基准的（常是装在主机转轴上的）半联轴器上，用百分表测量联轴器的径向间

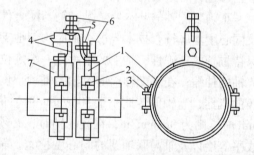

图 3-9  常见对轮卡形式

1—卡箍；2—角钢；3—夹紧螺栓；4—卡子；
5—螺母；6—测点螺栓；7—联轴器

隙和轴向间隙的偏差值。此方法使联轴器找正的测量精度大大提高，常用的百分表测量方法有四种：双表法、三表法、五表法和单表法。

1）双表法（又称一点测量法）：用两块百分表分别测量联轴器外圆和端面同一方向上的偏差值，故又称一点测量法，即在测量某个方位上的径向读数的同时，测量出同一方位上的轴向读数。具体做法是：先用角尺对吊装就位准备调整的机器上的联轴器做初步测量与调整。然后在作基准的主机侧半联轴器上装上专用夹具及百分表，使百分表的触头指向原动机侧半联轴器的外圆及端面，如图 3 -10 所示。

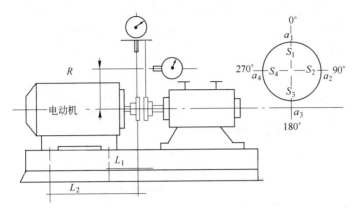

图 3-10  双表法测量示意图及测量记录图

测量时，先测 0°方位的径向读数 $a_1$ 及轴向读数 $S_1$。为了分析计算方便，常把 $a_1$ 和 $S_1$ 调整为零，然后两半联轴器同时转动，每转 90°读一次表中数值，并把读数值填到记录图中。圆外记录径向读数 $a_1$，$a_2$，$a_3$，$a_4$，圆内记录轴向读数 $S_1$，$S_2$，$S_3$，$S_4$，当百分表转回到零位时，必须与原零位读数一致，否则需找出原因并排除之。常见的原因是轴窜动或地脚螺栓松动，测量的读数必须符合下列条件才属正确，即

$$a_1+a_3=a_2+a_4 \quad S_1+S_3=S_2+S_4$$

通过对测量数值的分析计算，确定两轴在空间的相对位置，然后按计算结果进行调整。

这种方法应用比较广泛，可满足一般机器的安装精度要求。主要缺点是对有轴向窜动的联轴器，在盘车时其端面的轴向度数会产生误差。因此，这种测量方法适用于由滚动轴承支撑的转轴，轴向窜动比较小的中小型机器。

2）三表法（又称两点测量法）：三表测量法与两表测量法不同之处是在与轴中心等距离处对称布置两块百分表，在测量一个方位上径向读数和轴向读数的同时，在相对的一个方位上测其轴向读数，即同时测量相对两方位上的轴向读数，可以消除轴在盘车时窜动对轴向读数的影响，其测量记录图如图 3-11a 所示，三表测量法示意图如图 3-11b 所示。

根据测量结果，取 0°~180°和 180°~0°两个测量方位上轴向读数的平均值，即

$$S_1=(S'_1+S''_1)/2 \quad S_3=(S'_3+S''_3)/2$$

取 90°~270°和 270°~90°两个测量方位上轴向读数的平均值，即

$$S_2=(S'_2+S''_2)/2 \quad S_4=(S'_4+S''_4)/2$$

$S_1$，$S_2$，$S_3$，$S_4$ 四个平均值作为各方位计算用的轴向读数，与 $a_1$，$a_2$，$a_3$，$a_4$ 四个径向读数记入同一个记录图中，按此图中的数据分析联轴器的偏移情况，

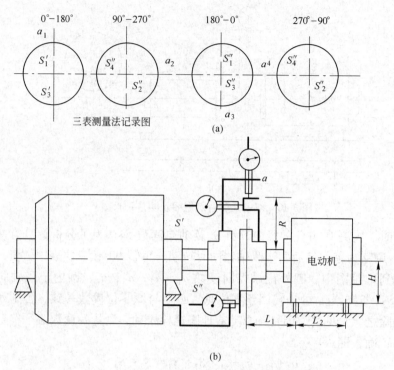

图 3-11　三表测量法示意图及测量记录图

并进行计算和调整。这种测量方法精度很高，适用于需要精确对中的精密或高速运转的机器，如汽轮机、离心式压缩机等。相比之下，三表测量法比两表测量法在操作与计算上稍繁杂一些。

3）五表法（又称四点测量法）：在测量一个方位上的径向读数的同时，测出 0°、90°、180°、270° 四个方位上的轴向读数，并取其同一方位上的 4 个轴向读数的平均值作为分析与计算用的轴向读数，与同一方位的径向读数合起来分析联轴器的偏移情况，这种方法与三表法应用特点相同。

4）单表法：单表法是近年来国外应用日益广泛的一种联轴器找正方法。这种方法只测定联轴器轮毂外圆的径向读数，不测量端面的轴向读数，测量操作时仅用一个百分表，故称单表法。其安装测量示意图如图 3-12 所示。

此种方法用一块百分表就能判断两轴的相对位置并可计算出轴向和径向的偏差值。也可以根据百分表上的读数用图解法求得调整量。用此方法测量时，需要特制一个找正用表架，其尺寸、结构由两半联轴器间的轴向距离及轮毂尺寸大小而定。表架自身质量要小，并有足够的刚度。表架及百分表均要求固紧，不允许有松动现象。图 3-12 为两轴端距离较大时找正用表架的结构示意图。

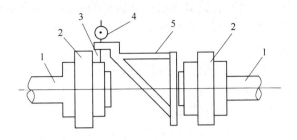

图 3-12　单表法测量示意图

1—轴；2—半联轴器；3—百分表触头；4—百分表；5—支架

### 3.6.2　联轴器找正时的计算和调整

测量完联轴器的对中情况之后，根据记录图上的读数值可分析出两轴空间相对位置情况。按偏差值作适当的调整。为使调整工作迅速、准确进行，可通过计算或作图求得各支点的调整量。测量方法不同，计算方法也不同。下面以两表法为例说明偏差计算和调整方法。联轴器的偏移分四种情况（见表3-1）。

表 3-1　联轴器偏移情况分析

| a | b | c | d |
|---|---|---|---|
| $a_1 = a_3$ | $a_1 \neq a_3$ | $a_1 = a_3$ | $a_1 \neq a_3$ |
| 两轴同心 | 两轴不同心 | 两轴同心 | 两轴不同心 |
| $S_1 = S_3$ | $S_1 = S_3$ | $S_1 \neq S_3$ | $S_1 \neq S_3$ |
| 两轴平行 | 两轴平行 | 两轴不平行 | 两轴不平行 |

联轴器找正时一般采用双表法测量间隙。

测出 $a_1$，$a_2$，$a_3$，$a_4$，$S_1$，$S_2$，$S_3$，$S_4$，顺次转动 $0° \sim 360°$，将测得的数值记录到图中，若

$$a_1 + a_3 \cong a_2 + a_4 \quad S_1 + S_3 \cong S_2 + S_4$$

误差在 $0.05 \sim 0.1\mathrm{mm}$ 范围内，则符合要求。机器安装时，通常以主机转轴（从动轴）做基准，调整电动机转轴（主动轴）。电动机底座 4 个支点相对于两侧对称布置，调整时，对称的两支点所加（或减）垫片厚度应相等。

机器在运转工况下因热膨胀会引起轴中心位置变化，联轴器找正的任务是把轴中心线调整到设计要求的冷态（安装时的状态）轴中心位置，使机器在热态（运转工况下）达到两轴中心线一致（既同心又平行）的技术要求。

　　安装机器时各支点温升的数据可以从制造厂的安装说明书中得到；有的直接给定机器冷态找正时的读数值；也有的给定各支点的温升数据，由图解法求出冷态找正时的读数值。

　　在安装大型机组时，有的给出各类机器在不同工况下的经验图表，通过查表或计算找出冷态找正时的读数值。

　　经验丰富的安装人员还可从实践中得出一些经验数据。

　　总之，对于安装者来说，要考虑机器从冷态到热态支点处轴中心位置的变化，在工作中保证机器能处于理想的对中状态。

　　水平方向上调整联轴器的偏差时，不需要加减垫片，通常也不计算。操作时利用顶丝和百分表，边测量边调整，直到达到要求的精度为止。

　　一些大型的重要的机组在调整水平偏差时，各支点的移动量可通过计算或作图求出。

　　根据测量记录图画出联轴器找正计算图，计算出电动机轴两支点需要调整的垫片厚度，然后调平行再调同心。如图 3-13 所示。

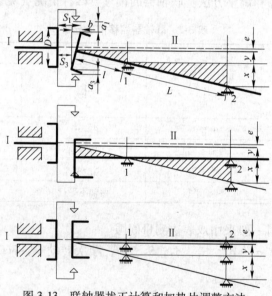

图 3-13　联轴器找正计算和加垫片调整方法

**A　联轴器平行调整**

为使两轴平行，需要计算出电动机轴支点 2 需要调整的垫片厚度 $x$。

如图 3-13 所示，令 $b = S_1 - S_3$，根据图中 2 个三角形相似，可知

$$\frac{x}{L} = \frac{b}{D} \quad \text{所以} \quad x = \frac{b}{D}L$$

支点 2 增加厚度为 $x$ 的垫片，可使电动机轴与主机轴平行。

B 联轴器同心度调整

为使两轴同心，应计算出电动机轴支点 1 和支点 2 同时调整的垫片厚度，包括 $y$ 和 $e$ 的值。同样根据三角形相似原理，可求出 $y$ 值：

$$y = \frac{l}{L}x = \frac{l}{L}\frac{b}{D}L = \frac{bl}{D}$$

而 $e$ 的值可由径向间隙差求出，结果取正值。

$$e = \frac{|a_1 - a_3|}{2}$$

由于 2 支点增加 $x$，Ⅱ轴中心下降 $y$，为使同心，Ⅱ轴 1 支点加垫板 $y+e$，而 2 支点加垫片 $y+e+x$。

**例 3-2** 图 3-14 为机构及找正时所测得的间隙数值，试求轴Ⅱ垂直平面上支点 1 和支点 2 的下面应加或应减的垫片厚度。

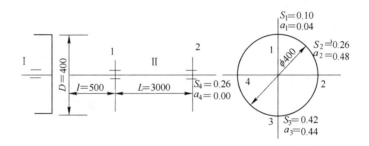

图 3-14 例 3-2 图 a

**解**：由于 $S_3 > S_1$，$a_3 > a_1$，所以，两半联轴器在垂直平面内既不平行又不同心，画出找正计算图如图 3-15 所示。

因为　　　$S_3 > S_1$

所以　　　$b = |S_3 - S_1| = |0.42 - 0.1| = 0.32\text{mm}$

$$x = \frac{b}{D}L = \frac{0.32}{400} \times 3000 = 2.4 \text{ mm}$$

$$y = \frac{l}{L}x = \frac{500}{3000} \times 2.4 = 0.4 \text{ mm}$$

$$e = \frac{|a_3 - a_1|}{2} = \frac{|0.44 - 0.04|}{2} = 0.2 \text{ mm}$$

从 1 支点减去的垫片厚度为：$y+e = 0.4 + 0.2 = 0.6\text{mm}$；

从 2 支点减去的垫片厚度为：$y+e+x = 0.6 + 2.4 = 3\text{mm}$。

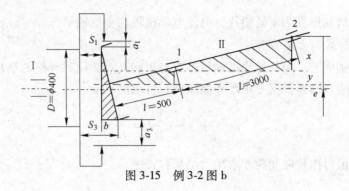

图 3-15　例 3-2 图 b

## 3.7　滑动轴承的装配

### 3.7.1　初间隙和极限间隙的确定

　　滑动轴承种类很多，常见的主要有剖分式滑动轴承和整体式滑动轴承两种。

　　滑动轴承装配应该特别注意间隙，图 3-16 给出与滑动轴承间隙有关的几个参数。

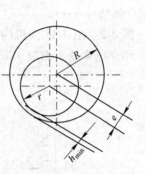

图 3-16　滑动轴承的间隙

图中　$R$——轴承座孔的半径，mm；

　　　　$r$——轴颈的半径，mm；

　　　　$S$——绝对间隙，mm：
$$S = D - d = 2\,(R - r)$$

　　　　$e$——绝对偏心，mm：
$$e = R - r - h_{\min} = \frac{S}{2} - h_{\min}$$

　　　　$\psi$——相对间隙：
$$\psi = \frac{S}{d}$$

　　　　$\varepsilon$——相对偏心：
$$\varepsilon = \frac{e}{\dfrac{S}{2}} = \frac{2e}{S}$$

　　　　$h_{\min}$——最小油膜厚度，mm：
$$h_{\min} = \frac{S}{2} - e = \frac{S}{2} - \frac{S\varepsilon}{2} = \frac{S}{2}(1 - \varepsilon)$$

　　由液体力学，建立液体摩擦条件
$$q = \frac{\eta\omega}{\psi^2 C}\varphi$$

式中 $q$——轴承单位面积上的载荷，$N/m^2$；

$\eta$——润滑油的动力黏度，$N \cdot s/m^2$；

$\omega$——轴的角速度，$s^{-1}$，$\omega = \dfrac{\pi n}{30}$；

$C$——辊颈长度修正系数，$C = \dfrac{d+l}{l}$；

$\varphi$——相对偏心的函数，$\varphi = f(\varepsilon)$。

$$\varphi = \frac{30qS^2C}{\pi nd^2\eta} = \frac{q\psi^2C}{\eta\omega} \tag{3-5}$$

由实验得到

$$\varphi = f(\varepsilon) = \frac{0.14}{1-\varepsilon} = \frac{1.04}{1-\dfrac{2e}{S}} = \frac{1.04}{1-\dfrac{2\left(\dfrac{S}{2}-h_{min}\right)}{S}} = \frac{1.04}{\dfrac{2h_{min}}{S}} \tag{3-6}$$

式 (3-5)、式 (3-6) 联立，得

$$\frac{1.04}{\dfrac{2h_{min}}{S}} = \frac{30qS^2C}{\pi nd^2\eta}$$

$$h_{min} = \frac{nd^2\eta}{18.36qSC}$$

由于

$$h_{min} = \frac{S}{2}(1-\varepsilon) \tag{3-7}$$

当 $\varepsilon = 0.5$ 时，摩擦最小，与此 $\varepsilon$ 相对应的间隙 $S$ 应是理想的数值，故将理想间隙规定为滑动轴承的初间隙 $S_{初}$。

将 $S = S_{初}$ 代入式 (3-7)，得

$$h_{min} = \frac{S_{初}}{2}(1-0.5) = \frac{S_{初}}{4} \tag{3-8}$$

式 (3-7)、式 (3-8) 联立，得

$$\frac{S_{初}}{4} = \frac{nd^2\eta}{18.36qS_{初}C}$$

$$S_{初} = 0.47d\sqrt{\frac{n\eta}{qC}} \tag{3-9}$$

式 (3-9) 中 $S_{初}$ 是理想的初间隙，由于轴承在工作过程中将不断受到磨损，厚度减少，甚至接触，这时轴承间隙是轴承允许的极限间隙 $S_{max}$。

当轴承间隙增大到极限允许值时，轴承正常工作条件的破坏是以油膜的最小

厚度等于粗糙度的总和为极限情况的。即

$$h'_{\min} = \delta_a + \delta_b = \frac{n\eta d^2}{18.36qCS_{\max}} = \delta$$

式中  $\delta$ ——粗糙度；

$\delta_a$ ——初磨期以后轴表面的粗糙度；

$\delta_b$ ——初磨期以后轴承表面的粗糙度。

$$\frac{h_{\min}}{h'_{\min}} = \frac{\dfrac{S_{初}}{4}}{\delta} = \frac{\dfrac{1}{S_{初}}}{\dfrac{1}{S_{\max}}}$$

$$S_{\max} = \frac{S_{初}^2}{4\delta}$$

滑动轴承在装配后其间隙若在 $S_{初}$ 与 $S_{\max}$ 之间，则该滑动轴承可以正常工作。

### 3.7.2  实际装配间隙的确定

轴颈与轴瓦的配合间隙有两种，一种是径向间隙，一种是轴向间隙。径向间隙包括顶间隙和侧间隙。顶间隙的作用是保持液体摩擦，以利形成油膜，用 $S$ 表示；侧间隙的主要作用是为了积聚和冷却润滑油以及散热。在侧间隙处开油沟或冷却带，可增加油的冷却效果，并保证连续地将润滑油吸到轴承的受载部分，但油沟不可开通，否则运转时将会漏油，侧间隙用 $b$ 表示。

轴向间隙的作用是使轴在温度变化时有自由伸长的余地。

在实际工作中，顶间隙可以由计算决定，也可以根据经验决定。侧间隙两侧应相等，单侧间隙应为顶间隙的 1/2 或 2/3。在固定端轴向间隙不得大于 0.2mm，在自由端轴向间隙不应小于轴受热膨胀时的间隙。

### 3.7.3  滑动轴承装配间隙的测量

滑动轴承装配间隙的测量方法有两种：压铅法和塞尺测量法。

A  压铅法

采用 0.6~1mm 软铅丝或软铅条测量铅条厚度。按如图 3-17 所示位置先放铅丝，然后盖上轴承盖，均匀拧紧螺丝，并用塞尺检查轴瓦接合面间的间隙是否均匀相等。

打开轴承盖，用外径千分尺测量压扁部位

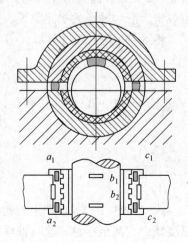

图 3-17  压铅法测量

的铅丝厚度：

$$A_1 = \frac{a_1 + c_1}{2} \qquad A_2 = \frac{a_2 + c_2}{2}$$

顶间隙的平均值：

$$S_{平均} = \frac{(b_1 - A_1) + (b_2 - A_2)}{2}$$

$$= \frac{b_1 + b_2}{2} - \frac{1}{4}(a_1 + a_2 + c_1 + c_2)$$

B　塞尺测量法

对整体式轴承的间隙测量均用塞尺，直接测出轴瓦接合面的间隙，要求精确时可用百分表。

滑动轴承的轴向间隙是，固定端间隙值为 0.1 ~ 0.2mm，自由端的间隙值应大于轴的热膨胀伸长量。

### 3.7.4　滑动轴承装配过程

整体式滑动轴承的装配过程包括轴套与轴承孔的清洗、检查、轴套的安装等。

A　清洗检查

轴套与轴承孔用煤油或清洗剂清洗干净后，应检查轴套与轴承孔的表面情况以及配合过盈量是否符合要求，然后再根据尺寸以及过盈量的大小选择轴套的装配方法。

B　轴套装配

轴套的安装可根据轴套与轴承孔的尺寸以及过盈量的大小选择压入法或温差法。

C　轴瓦装配

轴瓦和轴承座配合采用小过盈配合，（0.01 ~ 0.05mm）或滑动配合；轴瓦固定：防止转动有定位销；防止轴向窜动，轴瓦有翻边或止口；为使轴颈和轴瓦有理想的配合面，要进行研瓦、开瓦口和油槽。研瓦首先研轴瓦表面，使其有微小的凹面，以储油和润滑，一般接触角为 70° ~ 90°，接触斑点指标：一般瓦，1 ~ 2 点/cm²；高精度瓦，2 ~ 3 点/cm²。

# 3.8　滚动轴承的装配

滚动轴承是一种精密元件，其套圈和滚动体有较高的精度和光洁度。因此装配时应认真仔细，不要损坏轴承的零件。实践证明，轴承装配不正确，是轴承过早损坏的原因之一。轴承损坏的另一个原因是轴承发热，其结果导致滚动体表面剥落、刮伤和出现麻坑或是套圈出现裂纹，磨成深坑而报废。

### 3.8.1　装配方法的选择

#### 3.8.1.1　装配前的准备

滚动轴承装配前的准备包括装配工具和量具的准备、零件的清洗和检查。轴承的安装必须在干燥、清洁的环境条件下进行。安装前应仔细检查轴和外壳的配合表面、凸肩的端面、沟槽和连接表面的加工质量。所有配合连接表面必须仔细清洗并除去毛刺，铸件未加工表面必须除净型砂。轴承安装前应先用汽油或煤油清洗干净，干燥后使用，并保证良好润滑，轴承一般采用脂润滑，也可采用油润滑。采用脂润滑时，应选用无杂质、抗氧化、防锈、极压等性能优越的润滑脂。润滑脂填充量为轴承及轴承箱容积的30%~60%，不宜过多。带密封结构的双列圆锥滚子轴承和水泵轴连轴承已填充好润滑脂，用户可直接使用，不可再进行清洗。

#### 3.8.1.2　选择合适的装配方法

一般滚动轴承内圈和轴采用基孔制配合，外圈和轴承座采用基轴制配合，用改变轴承座的公差和轴的公差进行装配。

滚动轴承装配的方法通常有冷装和热装两种。

A　冷装

（1）锤击法：用铜棒或软金属套筒打内、外圈，适用小型轴承装配。

（2）压入法：用压力压入。

轴承安装时，必须在套圈端面的圆周上施加均等的压力，将套圈压入，不得用工具直接敲击轴承端面，以免损伤轴承。在过盈量较小的情况下，可在常温下用套筒压住轴承套圈端面，用锤头敲打套筒，通过套筒将套圈均衡地压入。如果大批量安装时，可采用液压机。压入时，应保证外圈端面与外壳台肩端面，内圈端面与轴台肩端面压紧，不允许有间隙。

B　热装

当过盈量较大时，可采用油浴加热或感应器加热轴承方法来安装，轴承热装加热方法有油加热法和电感加热法。

（1）油加热法：将轴承放入油箱中均匀加热100℃左右，加热时，轴承离底面50~70mm，用网栅吊起，适用大中型轴承装配。

（2）电感加热法：适用外圈、保持器、滚动体与内圈分离的轴承，加热内圈使其装配轴上。加热温度100℃，恒温时间及温度由电磁继电器和恒温器控制。

### 3.8.2 四列圆锥滚子轴承的装配

轧钢机四列圆锥滚子轴承的部件是不能互换的，故在装配时必须严格地按照打印号规定的互相位置进行。先将轴承装到轴承座中，然后将装有轴承的轴承座整个地吊装到轧辊的辊颈上。其方法是：轴承座平放，轴承垂直装入。轴承装配到轴承座内时的装配顺序如下（见图3-18）。

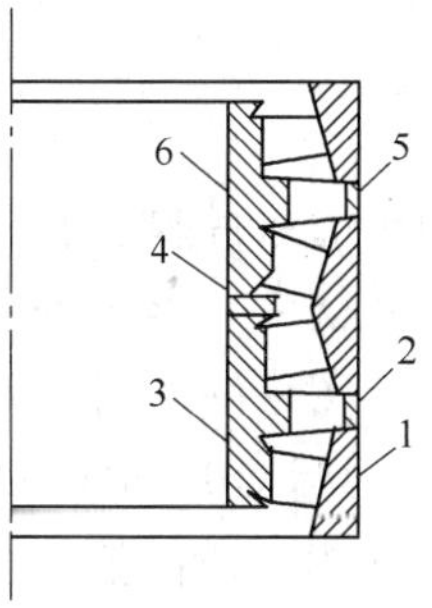

（1）将轴承的第一个外圈1仔细放入轴承座的孔中，用塞尺检查外圈和轴承座四周表面的接触情况，再装入外调整环2。

（2）将第一个内圈（包括两列滚柱）和中间外圈叠成一组部件3，用专制和吊钩固定于保持器端面互相对称的4个螺孔内，整体吊起装入。再装第二个外调整环4和内调整环5。

图3-18 四列圆锥滚子
轴承装配顺序

（3）将第二个内圈（包括两列滚柱）6和第三个外圈整体吊起装入。

装配时，轴承所有装配表面都应涂上润滑油。轴承部件装配完毕后，将止动环和端盖连同密封装好，拧紧端盖螺丝，使端盖压紧外圈。

### 3.8.3 间隙调整

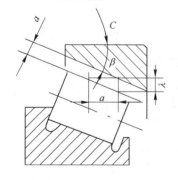

图3-19 滚动轴承的装配间隙

滚动轴承的间隙包括径向间隙和轴向间隙，径向间隙是指内外圈之间在直径方向产生的最大游动量，轴向间隙是指内外圈在轴线方向产生的最大游动量。滚动轴承间隙的作用是弥补制造和装配偏差，保证轴和轴承受热膨胀时，滚动体能正常运转，延长轴承的使用寿命。

滚动轴承的间隙分为不可调整和可调整两种。安装装配间隙不可调整滚动轴承时，考虑轴受热的膨胀、轴承与端盖留有轴向间隙 $a$。如图 3-19 所示。

$$a = Lk_\alpha \Delta t + 0.15$$

式中　$a$——轴向间隙，mm；

　　$L$——轴承间的距离，mm；

　　$k_\alpha$——线膨胀系数，℃$^{-1}$；

　　$\Delta t$——工作温度与环境温度最大差值，℃。

安装装配间隙可调整滚动轴承时，以单列圆锥滚柱轴承为例，轴向间隙和径向间隙可用下式计算。

$$a = \frac{C}{\sin\beta}$$

$$\lambda = a\tan\beta = \frac{C}{\sin\beta}\tan\beta = \frac{C}{\cos\beta}$$

式中　$\beta$——圆锥角；

　　　$\lambda$——径向间隙；

　　　$C$——内外圈垂直距离。

国标 GB 4604—93 中，滚动轴承径向游隙共分五组——2 组、0 组、3 组、4组、5 组，游隙值依次由小到大，其中 0 组为标准游隙。基本径向游隙组适用于一般的运转条件、常规温度及常用的过盈配合；在高温、高速、低噪声、低摩擦等特殊条件下工作的轴承则宜选用大的径向游隙；对精密主轴、机床主轴用轴承等宜选用较小的径向游隙；对于滚子轴承可保持少量的工作游隙。另外，对于分离型的轴承则无所谓游隙；最后，轴承装机后的工作游隙，要比安装前的原始游隙小，因为轴承要承受一定的负荷旋转，还有轴承配合和负荷所产生的弹性变形量。

滚动轴承游隙的调整方法主要有垫片调整法、螺钉调整法、止推环调整法和内外套调整法，分别如图 3-20～图 3-23 所示。

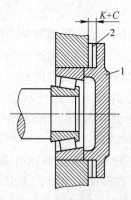

图 3-20　垫片调整法

1—压盖；2—垫片

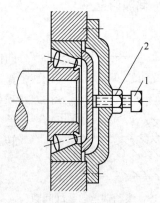

图 3-21　螺钉调整法

1—调整螺钉；2—锁紧螺母

### 3.8.4　滚动轴承发热原因

滚动轴承发热是因为存在摩擦，严重的摩擦就会引起发热，而摩擦的程度取决于以下几个因素：

（1）相对运动形式、速度和持续时间；

（2）压力大小；

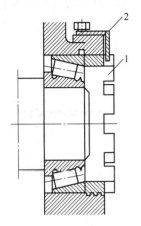

图 3-22　止推环调整法

1—止推环；2—止动片

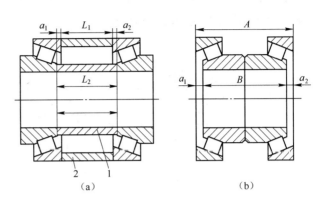

图 3-23　用内外套调整轴承的轴向游隙

1—内套；2—外套

（3）摩擦情况；

（4）装配正确性；

（5）润滑条件充分与否；

（6）轴承损坏情况。

摩擦是轴承发热的主要原因，而相对运动形式、摩擦系数和压力的大小等则是轴承发热的外因，这些外因都是通过摩擦这个内因引起轴承发热的。

# 3.9　齿轮的装配

齿轮、蜗杆装置的装配质量对传动工作的耐久性和可靠性起重要作用。

齿轮装配质量表现在是否具有一定的侧间隙，齿轮表面接触情况和齿轮位置的正确性。

## 3.9.1　齿侧间隙

齿侧间隙指一对相互啮合齿轮的非工作表面沿法线方向的距离，如图 3-24 所示，用 $c_n$ 表示。

齿侧间隙的作用是补偿装配和制造误差；补偿由于温度变化产生变形和受力引起的弹性变形；贮有一定的润滑油以改善齿面的摩擦条件。

齿侧间隙的测量可以采用压铅法、塞尺塞入法和千分表法。

A　压铅法

用干油在齿轮上粘 1~3 条铅丝，直径由间隙大小来定，长度压下三个齿，对一个齿来说，很显然，分为三个部分，第一部分为工作侧间隙，第二部分为齿顶间隙，第三部分为非工作侧间隙，判别齿啮合情况，用千分表测量厚度，其厚度 $a+b$ 为齿侧间隙。如图 3-25 所示。

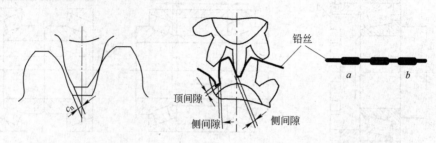

图 3-24　齿侧间隙　　　　　　　　　　图 3-25　压铅法测量齿侧间隙

B　塞尺塞入法

一个齿不动，另一个齿压紧，用塞尺塞入，测出齿侧间隙。

C　千分表法

千分表法是测量圆锥齿轮侧间隙的精确测量方法，如图 3-26 所示，方法是先将一个齿轮固定，另一个齿轮向两侧摆动，通过接触在齿廓表面的千分表读出侧间隙值。

### 3.9.2　接触斑点

齿轮的接触情况和位置正确性用接触斑点位置和多少（比例）判断，如图 3-27 所示。

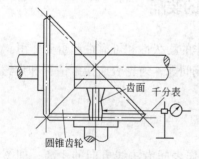

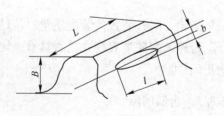

图 3-26　用千分表测量圆锥　　　　　　图 3-27　齿轮接触斑点的尺寸
　　　　　齿轮的齿侧间隙

用金属光泽或涂色检查沿齿长：$(l/L)\times100\%$；沿齿高：$(b/B)\times100\%$。

按齿轮精度等级，用接触斑点的分布判断啮合情况。

在图 3-28 中，图 a 表示正确啮合；图 b 表示中心距偏大；图 c 表示中心距过小；图 d 表示扭斜。

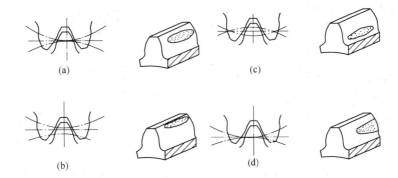

图 3-28　齿轮接触斑点的分布情况

（a）啮合正确；（b）中心距过大；（c）中心距过小；（d）扭斜

### 3.9.3　装配位置的正确性

齿轮装配位置的正确性包括中心距偏差和轴线扭斜、不平行两方面内容。

A　中心距偏差

齿轮中心距偏差测量有以下两种方法：

（1）用接触斑点分析判断，内径千分尺和方水平检查中心距偏差。

（2）平行、垂直（不歪斜）。

齿轮中心距和平行性测量如图 3-29 所示。

B　齿轮轴线的扭斜、不平行

不平行度的测量与中心距的测量方法相同。扭斜的测量可用涂色法及压铅法，用压铅法还可以计算出扭斜及不平行值的大小。圆柱齿轮轴线扭斜的测量如图 3-30 所示。

图 3-30 中，$n_1$、$n_2$ 为工作侧铅丝厚度；$m_1$、$m_2$ 为非工作侧铅丝厚度。

$$c_n = n_1 + m_1 = m_2 + n_2$$

由于齿轮装配扭斜 $n_1 < n_2$，$m_1 > m_2$，故齿轮装配的扭斜偏差值为

$$\delta_y = \frac{B(n_2 - n_1)}{l} \times 1000$$

式中　$\delta_y$——齿轮或半个人字齿轮宽度的长度上的扭斜偏差值，$\mu m$；

　　　$l$——两铅丝间的距离，mm；

　　　$B$——齿轮或半个人字齿轮的宽度，mm。

同样可以求出齿轮装配的不平行偏差值为

$$\delta_x = \frac{B\Delta c_n}{2l\sin\alpha} \times 1000$$

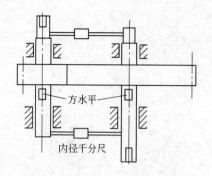

图 3-29 齿轮中心距和平行性测量

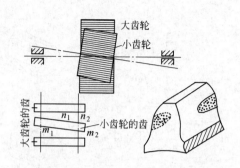

图 3-30 圆柱齿轮轴线扭斜的测量

式中　$\delta_x$——齿轮或半个齿轮宽度长度上的不平行偏差值，$\mu m$；

　　　$B$——齿轮或半个人字齿轮的宽度，mm；

　　　$l$——铅条间的距离，mm；

　　　$\alpha$——齿轮的啮合角，$\alpha = 20°$；

　　$\Delta c_n$——沿齿宽不同位置侧间隙的差值，mm：

$$\Delta C_n = n_2 - n_1 \text{ 或 } \Delta C_n = m_1 - m_2$$

计算值不许超过规定值。

**例 3-3**　某一对圆柱直齿齿轮传动，齿宽 $B = 200$mm，放一个铅条，传动后测得厚度如图 3-31 所示。求齿轮装配后的扭斜偏差 $\delta_y$ 和不平行偏差 $\delta_x$。

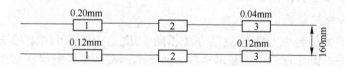

图 3-31　例 3-3 图

**解：**
$$c_n = n_1 + m_1 = n_2 + m_2 = 0.24 \text{ mm}$$
$$\Delta c_n = n_2 - n_1 = m_1 - m_2 = 0.08 \text{ mm}$$

$$\delta_y = \frac{B(n_2 - n_1)}{l} \times 1000 = \frac{200 \times 0.08}{160} \times 1000 = 100 \mu m$$

$$\delta_x = \frac{B \Delta c_n}{2l\sin\alpha} \times 1000 = \frac{200 \times 0.08}{2 \times 160 \times \sin 20°} \times 1000 = 146.2 \mu m$$

## 3.10　密封装置的装配

为了防止润滑油脂从机器配置设备接合面的间隙中泄漏出来，且不让外界的污物、尘土、水和有害气体侵入，机器设备必须进行密封。

密封性能的优劣是评价设备的一个重要指标。由于油、水、气等的泄漏，轻则造成浪费、污染环境，对人身、设备安全及机械本身造成伤害，使机器设备失去正常的维护条件，影响其寿命；重则可能造成严重事故。因此必须重视和认真搞好设备的密封工作。

机器设备的密封主要包括固定连接的密封（如箱体的结合面、连接盘等的密封）和活动连接的密封（如填料密封、轴头油封等）。采用的密封装置和方法种类很多，应根据密封的介质种类、工作压力、工作温度、工作速度、外界环境等工作条件以及设备的结构和精度等进行选用。

密封材料的性能是保证有效密封的重要因素，选择密封材料，主要是根据密封元件的工作环境，如使用温度、工作压力、所使用的工作介质以及运动方式等。

### 3.10.1 固定连接的密封

固定连接的密封一般有密封胶密封、密合密封和衬垫密封。

A 密封胶密封

为保证机件正确配合，在结合面处不允许有间隙时，一般不允许只加衬垫，这时一般用密封胶进行密封。密封胶具有防漏、耐温、耐压、耐介质等性能，而且具有效率高、成本低、操作简便等优点，可以广泛应用于许多工作条件。

B 密合密封

由于配合的要求，在结合面之间不允许加垫料或密封胶时，常常依靠提高结合面的加工精度和降低表面粗糙度进行密封。这时，除了需要在磨床上精密加工外，还要进行研磨或刮研使其达到密合，其技术要求是有良好的接触精度和做不泄漏试验。机件加工前，还需经过消除内应力退火。在装配时注意不要损伤其配合表面。

C 衬垫密封

承受较大工作负荷的螺纹连接零件，为了保证连接的紧密性，一般要在结合面之间加刚性较小的垫片，如纸垫、橡胶垫、石棉橡胶垫、紫铜垫等。垫片的材料根据密封介质和工作条件选择。衬垫装配时，要注意密封面的平整和清洁，装配位置要正确，应进行正确的预紧。维修时，拆开后如发现垫片失去了弹性或已破裂，应及时更换。

### 3.10.2 活动连接的密封

活动连接的密封一般有填料密封、油封密封、密封圈密封和机械密封。

#### 3.10.2.1 填料密封

填料密封（见图3-32）的装配工艺要点有以下几点：

（1）软填料可以是一圈圈分开的，各圈在轴上不要强行张开，以免产生局部扭曲或断裂。相邻两圈的切口应错开180°。软填料也可以做成整条的，在轴上缠绕成螺旋形。

（2）当壳体为整体圆筒时，可用专用工具把软填料推入孔内。

（3）软填料由压盖压紧。为了使压力沿轴向分布尽可能均匀，以保证密封性能和均匀磨损，装配时，应由左到右逐步压紧。

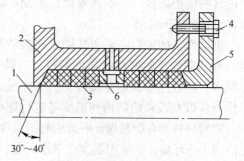

图3-32　填料密封

1—主轴；2—壳体；3—软填料；

4—螺钉；5—压盖；6—孔环

（4）压盖螺钉至少有两只，必须轮流逐步拧紧。以保证圆周力均匀。同时用手转动主轴，检查其接触的松紧程度，要避免压紧后再行松出。软填料密封在负荷运转时，允许有少量泄漏。运转后继续观察，如泄漏增加，应再缓慢均匀拧紧压盖螺钉（一般每次再拧进1/6~1/2圈）。但不应为争取完全不漏而压得太紧，以免摩擦功率消耗太大或发热烧坏。

#### 3.10.2.2　油封密封

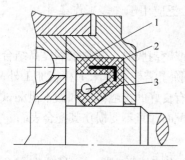

图3-33　油封结构

1—油封体；2—金属骨架；3—压紧弹簧

油封是广泛用于旋转轴上的一种密封装置，如图3-33所示，其结构比较简单，按结构可以分为骨架式和无骨架式两类。装配时应使油封的安装偏心量和油封与轴心线的相交度最小，要防止油封刃口、唇部受伤，同时要使压紧弹簧有合适的拉紧力。

#### 3.10.2.3　密封圈密封

密封元件中最常用的就是密封圈，密封圈的断面形状有圆形（O形）和唇形，其中用得最早、最多、最普遍的是O形密封圈。

O形密封圈是压紧型密封，故在装入密封沟槽时，必须保证O形密封圈有一定的压缩量，一般截面直径压缩量为8%~25%。O形密封圈对被密封表面的粗糙度要求很高，一般规定静密封零件表面粗糙度 $Ra$ 值为6.3~3.2，动密封零件表面粗糙度 $Ra$ 值为0.4~0.2。

装配O形密封圈时应注意以下几点。

（1）装配前须将O形圈涂润滑油，装配时轴端和孔端应有15°~20°的引入角。当O形圈需要通过螺纹、键槽、锐边、尖角等时，应采用装配导向套。

（2）当工作压力超过一定值（一般10MPa）时，应安放挡圈，需特别注意挡圈的安装方向，单边受压，装于反侧。

（3）在装配前，应预先把需装的 O 形圈如数领取，放入油中；装配完毕，如有剩余的 O 形圈，必须检查重装。

（4）为防止报废 O 形圈的误用，装配时换下来的或装配过程中弄废的 O 形圈，一定立即剪断收回。

（5）装配时不得过分拉伸 O 形圈，也不得使密封圈产生扭曲。

（6）密封装置固定螺孔深度要足够，否则两密封平面不能紧固封严，产生泄漏，或在高压下把 O 形圈挤坏。

### 3.10.2.4 机械密封

机械密封是旋转轴用的一种密封装置，如图 3-34 所示。它的主要特点是密封面垂直于旋转轴线，依靠动环和静环端面接触压力来阻止和减少泄漏。

对机械密封装置在装配时，必须注意如下事项：

（1）按照图样技术要求检查主要零件，如轴的表面粗糙度、动环及静环密封表面粗糙度和平面度等是否符合规定。

（2）找正静环端面，使其与轴线的垂直度误差小于 0.05mm。

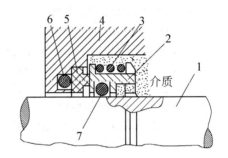

图 3-34　机械密封装置

1—轴；2—动环；3—弹簧；4—壳体；
5—静环；6—静环密封圈；7—动环密封圈

（3）必须使动、静环具有一定的浮动性，以便在运动过程中能适应影响动、静环端面接触的各种偏差，这是保证密封性能的重要条件。浮动性取决于密封圈的准确装配、与密封圈接触的主轴或轴套的粗糙度、动环与轴的径向间隙以及动、静环接触面上的摩擦力的大小等，而且还要求有足够的弹簧力。

（4）要使主轴的轴向窜动、径向跳动和压盖与轴的垂直度误差在规定范围内。否则将导致泄漏。

（5）在装配过程中应保持清洁，特别是在主轴装置密封的部位不得有锈蚀，动、静环端面应无任何异物或灰尘。

（6）在装配过程中，不允许用工具直接敲击密封元件。

## 思　考　题

### 一、简答题

1. 机械零件常用的拆卸方法有哪些?

2. 断头螺钉、打滑内六角螺钉、锈死螺纹以及成组螺纹连接件的拆卸方法有哪些？

3. 不可拆连接的拆卸方法有哪些？

4. 油污的清洗剂和清洗方法有哪些？

5. 水垢的清洗方法有哪些？

6. 清除积炭的方法有哪些？

7. 去锈的主要方法有哪些？

8. 清除漆层的方法有哪些？

9. 零件检验的主要内容有哪些？

10. 零件检验的主要方法有哪些？

11. 过盈配合的装配方法有哪些？

12. 滑动轴承装配间隙的测量有哪几种方法？

13. 滑动轴承轴瓦的装配，为什么要研瓦、开瓦口和铲油沟？

14. 滚动轴承的装配和拆卸方法分别有哪些？

15. 滚动轴承发热原因有哪些？

16. 齿轮的齿侧间隙的测量方法有哪些？

17. 固定连接的密封有哪些？

18. 活动连接的密封有哪些？

## 二、计算题

1. 某轧钢机前后辊道传动长轴和圆锥齿轮装配，轴头尺寸 $\phi300mm$，齿轮材料 45 号，$k_d = 12 \times 10^{-6}\,℃^{-1}$，室温 $t_0 = 15℃$，实际过盈量 $i = 0.24mm$，试计算加热温度，说明加热方法，测温检查方法和装配过程。

2. 用双表检查联轴器记录如图 3-35 所示（单位 mm），进行 1、3 点找正计算，说明垂直方向怎么调整。

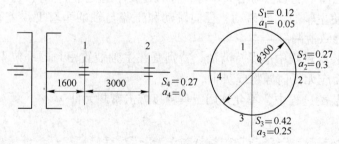

图 3-35　计算题图

# 4 机械零件的修复技术

A 机械零件修复前的准备工作

机械设备在维修前应进行有关准备工作，包括：技术准备、拆卸、清洗、检验等。这些工作必须按照机械设备的结构特点、技术性能要求、需要修复或更换零部件的情况以及本单位的具体条件，依照一定的计划、方法和步骤，选用合适的工具及设备进行。

a 技术准备

技术准备主要是为维修提供技术依据。例如：准备现有的或需要编制的机械设备图册和备件图册；确定维修工作类别和年度维修计划；整理机械设备在使用过程中的故障及其处理记录；调查维修前机械设备的技术状况；明确维修内容和方案；提出维修后要保证的各项技术性能要求；提供必备的有关技术文件等。

b 组织准备

根据需要，结合本单位的维修规模、机械设备情况、技术水平、承修机械设备的类型，以及材料供应等具体条件，全面考虑、分析比较，采用更合理更适用的组织形式和方法。

B 机械零件的修复技术

机械零件的修复技术主要有：机械加工修理技术、塑性变形修复技术、焊接维修技术、热喷涂技术、电镀修复技术、工件表面强化技术、金属扣合技术、粘接修复技术和研磨技术等。

## 4.1 机械加工修理技术

机械加工修理技术是零件修理最主要、最基本的方法，可独立直接修理，也可成为其他工艺最后的加工工序。

机械加工修理技术简单易行，质量稳定可靠，修理成本低，应用广。

与制造新零件的区别：加工对象不同，加工基准已被破坏，装夹定位难，加工余量小，要适应各种表面状态，数量少、品种杂。

常用的方法有修理尺寸法、尺寸选配法、附加零件修理法、局部更换修理法和成套换修法。

（1）修理尺寸法：具有相对运动的配合件磨损后配合间隙增大甚至超过极

限间隙值，零件工作性能变坏。修理尺寸法是将配合件中较重要的零件或较难加工的零件进行机械加工，消除其工作表面的损伤和几何形状误差，使之具有正确的几何形状和新的基本尺寸——修理尺寸。依此修理尺寸制造与之配合的另一零件，使二者具有原设计配合间隙值。例如，曲轴主轴颈过度磨损后，在保证轴颈强度要求下，光车主轴颈，依光车后的尺寸重新配制主轴瓦使其具有原有的轴承间隙。

孔的修理尺寸大于孔的基本尺寸；轴的修理尺寸小于轴的基本尺寸。修理尺寸等于磨损件实测尺寸加上（或减去）为消除缺陷所需的最小加工余量。

修理尺寸法简单、经济，可延长零件的使用寿命。但使零件失去原有的互换性，给备件供应带来麻烦。

修理尺寸法分为同心法和不同心法。

同心法是指修理后轴或孔的轴线与原轴线一致；不同心法是指修理后轴或孔的轴线与原轴线不一致，稍有改变。

（2）尺寸选配法：集中一小批相同机型的已过度磨损的配合件，分别进行机械加工消除配合表面的缺陷和几何形状误差，再按原配合间隙值重新配合成对。组成一些具有不同基本尺寸但具有相同配合间隙的新的配合件，此种方法称为尺寸选配法。例如柴油机喷油泵和喷油器中的精密偶件就可采用此法修理。

此法简单、方便、经济，可使一部分已报废的配合件重新投入使用。缺点是必须有一小批配合件，数量太少则不易组成新的配合件。

（3）附加零件修理法：有些零件个别工作表面磨损严重，当其结构和强度允许时，可以将磨损部位进行机械加工，再在这个部位镶上一个套或其他镶装件，以补偿磨损，最后将其加工到基本尺寸。镶装件是在修理过程中增加的，故这种用增加零件来修理的方法，称为附加零件修理法。

附加零件修理法特点是应用范围广，镶装件可更换。轴颈的镶套修理如图4-1所示，支承架的镶套修理如图4-2所示。

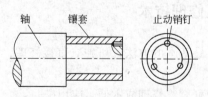

图4-1　轴颈的镶套修理

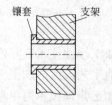

图4-2　支承架的镶套修理

注意事项：1）镶装件的材质应根据零件所处的工况来选择。例如：高温下工作的镶装件应尽量选用与基体一致的材料，使两者的热膨胀系数相同，保证在工作中镶装件的稳固性；再如：若要求镶装件耐磨，则选用耐磨材料等。2）镶套工艺往往受到零件结构和强度的限制，镶套壁厚一般只有2～3mm，且镶装后为保证一定的紧固性，镶套和基体之间应采用过盈配合。这样镶套和基体均会受到力的作用，因此要求正确选择过盈量（过大，会胀坏套筒或座孔，甚至会使基体变形；过盈量过小，会出现松动）。并在加工过程中确保所需的过盈量。

（4）局部更换修理法：机械设备零件在使用过程中，各个表面的磨损程度往往不一致，有时只有个别表面磨损严重或损伤，其余表面尚好或只有轻微磨损，这时，如果零件结构允许，可把有严重缺陷的部分切除，更换新的部分，并把它加工到原有的形状和尺寸，使零件得以修复，这种方法的实质是对零件某一部分进行更换，所以称为局部更换修理法。

应用举例：轴类零件、齿轮类零件、键槽和螺孔。

轴的局部更换修理如图 4-3 所示，轴颈螺纹的更换修理如图 4-4 所示，机床主轴锥孔的局部更换修理如图 4-5 所示，齿轮的更换齿圈修理如图 4-6 所示，键上键槽的换位修理如图 4-7 所示，轮盘上螺孔的换位修理如图 4-8 所示。

（5）成套换修法：为了缩短修理时间，拆下有严重磨损或损伤零件的部件或设备，迅速换上备件继续运转，称为成套换修。设备或部件经修理后作为备件使用或供同类机型的设备使用。例如，柴油机运转中高压油泵柱塞一套筒偶件咬死，立即换上备用油泵，而损坏的油泵经修理后作为备件使用。

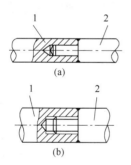

图 4-3　轴的局部更换修理
1—轴的保留部分；2—轴的更换部分

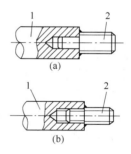

图 4-4　轴颈螺纹的更换修理
1—轴的保留部分；2—轴的更换部分

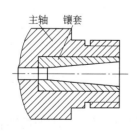

图 4-5　机床主轴锥孔的局部更换修理

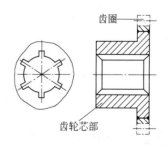

图 4-6　齿轮的更换齿圈修理

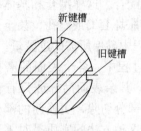

图 4-7  键上键槽的换位修理

图 4-8  轮盘上螺孔的换位修理

## 4.2  塑性变形修复技术

塑性变形修复技术是利用金属或合金的塑性变形性能，使零件在一定外力作用的条件下改变其几何形状而不损坏。

这种方法是将零件不工作部位的部分金属向磨损的工作部位移动，以补偿磨损掉的金属，恢复零件工作表面原来的尺寸和形状。它实际上也就是一般的压力加工方法，但其工作对象不是毛坯，而是具有一定尺寸和形状的磨损零件。因此，用这种方法不仅可以改变零件的外形，而且可改变金属的力学性能和组织结构。

塑性变形修复零件的方法一般有镦粗法、挤压法、扩张法和校正法。

镦粗法是借助压力来减小零件的高度、增大零件的外径或缩小内径尺寸的一种方法，主要用来修复有色金属套筒和圆柱形零件。例如，当铜套的内径或外径磨损时，在常温下通过专用模具进行镦粗，设备一般可采用压床、手压床或用锤手工敲击，作用力的方向应与塑性变形的方向垂直，如图 4-9 所示。

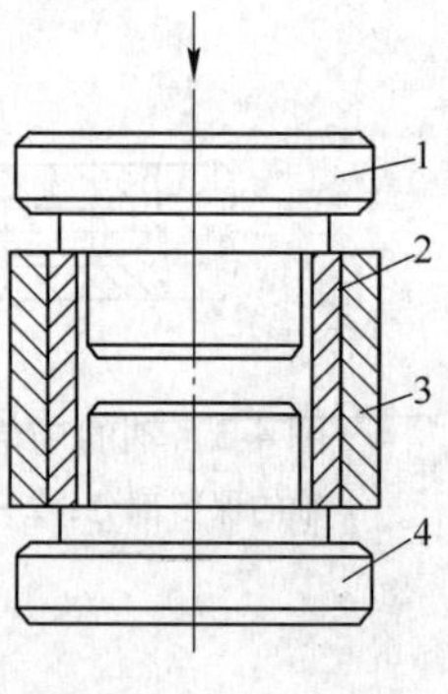

镦粗法可修复内径或外径磨损量小于 0.6mm 的零件，对必须保持内外径尺寸的零件，可采用镦粗法补偿其中一项磨损量后，再用其他的修复方法来保证另一项恢复到原来尺寸。

图 4-9  铜套的镦粗
1—上模；2—铜套；
3—轴承；4—下模

用镦粗法修复零件，零件被压缩后的压缩量不应超过其原高度的 15%，对于承载较大的则不应超过其原高度的 8%。为保证镦粗均匀，其高度与直径之比不应大于 2，否则不宜采用这种方法。

挤压法是利用压力将零件不需严格控制尺寸部分的材料挤压到已磨损部位，主要用于筒形零件内径的修复。

　　一般都利用模具进行挤压，挤压零件的外径来缩小其内径尺寸，再进行加工以达到恢复原尺寸的目的。例如，修复轴套可用图 4-10 所示的模具进行。把轴套 2 放在外模的锥形孔 1 中，利用冲头 3 在压力的作用下使轴套 2 的内径缩小。

　　扩张法的原理与挤压法相同，所不同的是零件受压向外扩张，以增大外形尺寸，补偿磨损部分，主要应用于外径磨损的套筒形零件。根据具体情况可做简易模具和在冷或热的状态下进行，使用设备的操作方法与前两种方法相同。

　　例如，空心活塞销外圆磨损后，一般用镀铬法修复，但若没有镀铬设备时，可用扩张法进行修复，活塞销的扩张既可在热状态下进行，也可以在冷状态下进行。扩张后的活塞销，应按技术要求进行热处理，然后磨削其外圆，直到达到尺寸要求。扩张活塞销可用图 4-11 的方法进行。

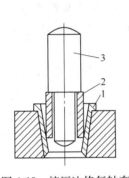

图 4-10　挤压法修复轴套
1—外模；2—轴套；3—冲头

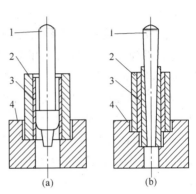

图 4-11　扩张活塞销
1—冲头；2—活塞销；3—胀缩套；4—模具

　　零件在使用过程中，常会发生弯曲、扭曲等残余变形。利用外力或火焰使零件产生新的塑性变形，从而消除原有变形的方法称为校正。

　　校正分为冷校和热校。

　　冷校又分为冷压校正与冷作校正。

　　A　冷压校正

　　将变形零件放在压力机的 V 形铁中，使凸面朝上，施加压力使零件发生反方向变形，保持 1~2min 后去除压力，利用材料的弹性后效作用将变形抵消。检查校正情况，若一次不能校正，可进行多次，直到校正为止。

　　对于弯曲变形不大的小型钢制曲轴，可采用此方法校直。曲轴的弯曲度如小于 0.05mm 时，可结合磨修曲轴得以修整；如超过 0.05mm 时，则须加以校正。冷压校正一般在压力校直机上进行，也可用手动螺旋压力装置在地平台上进行。校正前应测出曲轴的弯曲部位、方向及数值。将其主轴颈支承在 V 形铁上，使弯曲凸面朝上，并使最大弯曲点对准加压装置的压头，然后固定曲轴。在加压点相对 180° 的位置架设百分表，借以观察加压时的变形量。

当曲轴的弯曲变形较大时，必须分次进行，以防压校时，反向弯曲变形量过大，而使曲轴折断。校正时的反向弹性变形量不宜超过原弯曲量的 1~1.5 倍。

冷压校正简单易行，但校正的精度不容易控制，零件内会留下较大的残余应力，效果不稳定，疲劳强度下降。

B　冷作校正

冷作校正是用手锤敲击零件的凹面，使其产生塑性变形。该部分的金属被挤压延展，在塑性变形层中产生压缩压力。弯曲零件在变形层应力的推动下被校正。利用冷作校正法来校正弯曲的曲轴时，根据曲轴弯曲的方向和程度，使用球形手锤或气锤，沿曲柄臂的左右两侧进行敲击（锤击区应选在弯曲后曲柄臂受压应力的一侧），由于冷作而产生残余应力，使曲柄臂敲击侧伸长变形，曲轴轴线产生位移，在各个曲柄臂变形的综合作用下，达到校直曲轴的目的。

冷作校正的校正精度容易控制，效果稳定，且不降低零件的疲劳强度。但是，它不能校正弯曲量太大的零件，通常零件的弯曲量不能超过零件长度的 0.03%~0.05%。

热校一般是将零件弯曲部分的最高点用气焊的中性焰迅速加热到 450℃以上，然后快速冷却。由于加热区受热膨胀，塑性随温度升高而增加，又因受周围冷金属的阻碍，不可能随温度增高而伸展。当冷却时，收缩量与温度降低幅度成正比，造成收缩量大于膨胀量，收缩力很大，靠它校正零件的变形。

热校适合于校正变形量较大，形状复杂的大尺寸零件，其校正保持性好，对疲劳强度影响较小，应用比较普遍。热校正的关键在于弯曲的位置及方向必须找正确，加热的火焰也要和弯曲的方向一致，否则会出现扭曲或更多的弯曲。轴类零件的热校正如图 4-12 所示。

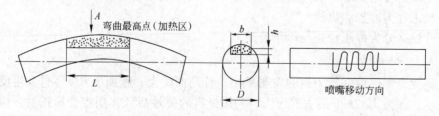

图 4-12　轴类零件的热校正

## 4.3　焊接维修技术

焊接是指将两个或两个以上的零件（同种或异种材料），通过局部加热或加压达到原子间的结合，造成永久性连接的工艺过程。

具体措施包括加压和加热。加压用以破坏结合面上的氧化模或其他吸附层，并使接触面发生塑性变形，以扩大接触面，在变形足够时，也可直接形成原子间结合，得到牢固接头；对连接处进行局部加热，使之达到塑性或熔化状态，激励并加强原子的能量，从而通过扩散、结晶和再结晶的形成与发展，以获得牢固接头。

焊接技术应用广泛，涉及电站、钢铁、水泥、纺织、建筑、采矿、石油、机械、造纸、化学和交通运输等许多行业，地位重要。

焊接技术的优点：

（1）能修理由各种原因引起损坏的零件，如磨损、断裂、腐蚀等；

（2）能修理多种材料的零件，机械零件中常用的金属材料绝大部分是可焊的；

（3）修理质量高，有的零件修后更为耐用；

（4）生产率高，且成本较低；

（5）一般常用的焊修设备均较简单，操作容易，且便于野外抢修。

焊接技术的缺点是局部加热使零件不可避免地产生应力，大的内应力常会使零件产生变形、裂隙纹等缺陷。零件在焊后进行机械加工时，内应力的释放会影响加工精度。残留的焊接内应力对零件的疲劳强度也是不利的。另外焊修容易使零件内产生气孔，从而导致焊缝区强度下降，以及焊修后焊层的加工难度增大，特别是耐磨堆焊层的加工难度更大，这些都是在焊修时应注意的问题。

金属焊接方法有40种以上，如图4-13所示，主要分为熔化焊（简称熔焊）、压力焊（简称压焊）和钎焊三大类。

## 4.3.1 熔化焊

熔化焊是在焊接过程中将工件接口加热至熔化状态，不加压力完成焊接的方法。熔化焊时，热源将待焊两工件接口处迅速加热熔化，形成熔池。熔池随热源向前移动，冷却后形成连续焊缝而将两工件连接成为一体。在熔化焊过程中，如果大气与高温的熔池直接接触，大气中的氧就会氧化金属和各种合金元素。大气中的氮、水蒸气等进入熔池，还会在随后冷却过程中在焊缝中形成气孔、夹渣、裂纹等缺陷，恶化焊缝的质量和性能。为了提高焊接质量，人们研究出了各种保护方法。例如，气体保护电弧焊就是用氩、二氧化碳等气体隔绝大气，以保护焊接时的电弧和熔池率；又如钢材焊接时，在焊条药皮中加入对氧亲和力大的钛铁粉进行脱氧，就可以保护焊条中有益元素锰、硅等免于氧化而进入熔池，冷却后获得优质焊缝。

熔化焊包括气焊、电弧焊、电渣焊、激光焊、电子束焊、堆焊和铝热焊等。

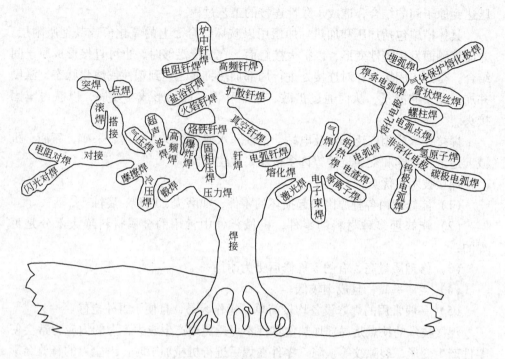

图 4-13　树形的焊接方法分类图

A　气焊

气焊是利用可燃气体与助燃气体混合燃烧生成的火焰为热源，熔化焊件和焊接材料，使之达到原子间结合的一种焊接方法。

助燃气体主要为氧气，可燃气体主要采用乙炔、液化石油气等。所使用的焊接材料主要包括可燃气体、助燃气体、焊丝、气焊熔剂等。特点是设备简单不需用电。设备主要包括氧气瓶、乙炔瓶（如采用乙炔作为可燃气体）、减压器、焊枪、胶管等。由于所用储存气体的气瓶为压力容器、气体为易燃易爆气体，所以该方法是所有焊接方法中危险性最高的之一。

气焊的优点是：1）设备简单、使用灵活；2）对铸铁及某些有色金属的焊接有较好的适应性；3）在电力供应不足的地方需要焊接时，气焊可以发挥更大的作用。

其缺点是：1）生产效率较低；2）焊接后工件变形和热影响区较大；3）较难实现自动化。

B　电弧焊

焊条电弧焊的基本原理与定义：焊条电弧焊是工业生产中应用最广泛的焊接方法，它的原理是利用电弧放电（俗称电弧燃烧）所产生的热量将焊条与工件互相熔化并在冷凝后形成焊缝，从而获得牢固接头的焊接过程，如图 4-14 所示。

电弧燃烧的必要条件是气体电离及阴极电子发射。焊条电弧焊是用手工操纵焊条进行焊接工作，可以进行平焊、立焊、横焊和仰焊等多位置焊接。另外由于焊条电弧焊设备轻便、搬运灵活，所以可以在任何有电源的地方进行焊接作业；适用于各种金属材料、各种厚度、各种结构形状的焊接。

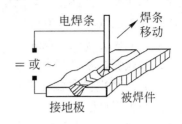

图4-14　焊条电弧焊

焊条电弧焊的安全特点：焊条电弧焊焊接设备的空载电压一般为50~90V，而人体所能承受的安全电压为30~45V，由此可见，手工电弧焊焊接设备，会对人造成生命危险，施焊时，必须穿戴好劳保用品。

电弧焊可分为手工电弧焊、半自动（电弧）焊、自动（电弧）焊。自动（电弧）焊通常是指埋弧自动焊，在焊接部位覆有起保护作用的焊剂层，由填充金属制成的光焊丝插入焊剂层，与焊接金属产生电弧，电弧埋藏在焊剂层下，电弧产生的热量熔化焊丝、焊剂和母材金属形成焊缝，其焊接过程是自动化进行的。最普遍使用的是手工电弧焊。

手工电弧焊的基本工艺如下：

（1）在焊接前清理焊接表面，以免影响电弧引燃和焊缝的质量。

（2）准备好接头形式（坡口形式）。

坡口的作用是使焊条、焊丝或焊炬（气焊时喷射乙炔-氧气火焰的喷嘴）能直接伸入坡口底部以保证焊透，并有利于脱渣和便于焊条在坡口内作必要的摆动，以获得良好的熔合。

坡口的形状和尺寸主要取决于被焊材料及其规格（主要是厚度）以及采取的焊接方法、焊缝形式等。

在实际应用中常见的坡口形式有以下几种。

弯边接头：适用于厚度<3mm的薄件；

平坡口：适用于3~8mm的较薄件；

V形坡口：适用于厚度6~20mm的工件（单面焊接）；

X形坡口：适用于厚度12~40mm的工件，并有对称型与不对称型X坡口之分（双面焊接）；

U形坡口：适用于厚度20~50mm的工件（单面焊接）；

双U形坡口：适用于厚度30~80mm的工件（双面焊接）。

坡口角度通常取60°~70°，采用钝边（也叫做根高）的目的是防止焊件烧穿，而间隙则是为了便于焊透。

电弧焊的焊接规范中最主要的参数有焊条种类（取决于母材的材料）、焊条直径（取决于焊件厚度、焊缝位置、焊接层数、焊接速度、焊接电流等）、焊接电流、焊接层数、焊接速度等。

除了上述的普通电弧焊外，为了进一步提高焊接质量，还采用气体保护电弧焊、钨极氩弧焊和等离子电弧焊等技术。

（1）气体保护电弧焊有利用氩气作为焊接区域保护气体的氩弧焊，利用二氧化碳作为焊接区域保护气体的二氧化碳保护焊等，其基本原理是在以电弧为热源进行焊接时，同时从喷枪的喷嘴中连续喷出保护气体，把空气与焊接区域中的熔化金属隔离开来，以保护电弧和焊接熔池中的液态金属不受大气中的氧、氮、氢等污染，达到提高焊接质量的目的。

（2）钨极氩弧焊：以高熔点的金属钨棒作为焊接时产生电弧的一个电极，并处在氩气保护下的电弧焊，常用于不锈钢、高温合金等要求严格的焊接。

等离子电弧焊：这是由钨极氩弧焊发展起来的一种焊接方法，气体由电弧加热产生离解，在高速通过水冷喷嘴时受到压缩，增大能量密度和离解度，形成等离子弧。它的稳定性、发热量和温度都高于一般电弧，因而具有较大的熔透力和焊接速度。形成等离子弧的气体和它周围的保护气体一般用氩。根据各种工件的材料性质，也有使用氦或氩氦、氩氢等混合气体的。

（3）等离子弧有两种工作方式：一种是"非转移弧"，电弧在钨极与喷嘴之间燃烧，主要用于等离子喷镀或加热非导电材料；另一种是"转移弧"，电弧由辅助电极高频引弧后，电弧燃烧在钨极与工件之间，用于焊接。形成焊缝的方式有熔透式和穿孔式两种。前一种形式的等离子弧只熔透母材，形成焊接熔池，多用于 0.8~3mm 厚的板材焊接；后一种形式的等离子弧只熔穿板材，形成钥匙孔形的熔池，多用于 3~12mm 厚的板材焊接。此外，还有小电流的微束等离子弧焊，特别适合于 0.02~1.5mm 的薄板焊接。等离子弧焊接属于高质量焊接方法，焊缝的深/宽比大、热影响区窄、工件变形小、可焊材料种类多。特别是脉冲电流等离子弧焊和熔化极等离子弧焊的发展，更扩大了等离子弧焊的使用范围。

　C　电渣焊

电渣焊是利用电流通过熔渣所产生的电阻热作为热源，将填充金属和母材熔化，凝固后形成金属原子间牢固连接。在开始焊接时，使焊丝与起焊槽短路起弧，不断加入少量固体焊剂，利用电弧的热量使之熔化，形成液态熔渣，待熔渣达到一定深度时，增加焊丝的送进速度，并降低电压，使焊丝插入渣池，电弧熄灭，从而转入电渣焊焊接过程。

电渣焊主要有熔嘴电渣焊、非熔嘴电渣焊、丝极电渣焊、板极电渣焊等。电渣焊的缺点是输入的热量大，接头在高温下停留时间长，焊缝附近容易过热，焊缝金属呈粗大结晶的铸态组织，冲击韧性低，焊件在焊后一般需要进行正火和回火热处理。

D 激光焊

激光焊接有两种基本模式：热导焊和深熔焊，前者所用激光功率密度较低（$10^5 \sim 10^6 \mathrm{W/cm^2}$），工件吸收激光后，仅达到表面熔化，然后依靠热传导向工件内部传递热量形成熔池。这种焊接模式熔深浅，深宽比较小。后者激光动车密度高（$10^6 \sim 10^7 \mathrm{W/cm^2}$），工件吸收激光后迅速熔化乃至气化，熔化的金属在蒸气压力作用下形成小孔激光束可直照孔底，使小孔不断延伸，直至小孔内的蒸气压力与液体金属的表面张力和重力平衡为止。小孔随着激光束沿焊接方向移动时，小孔前方熔化的金属绕过小孔流向后方，凝固后形成焊缝。这种焊接模式熔深大，深宽比也大。在机械制造领域，除了那些微薄零件之外，一般应选用深熔焊。

深熔焊过程产生的金属蒸气和保护气体，在激光作用下发生电离，从而在小孔内部和上方形成等离子体。等离子体对激光有吸收、折射和散射作用，因此一般来说熔池上方的等离子体会削弱到达工件的激光能量。并影响光束的聚焦效果、对焊接不利。通常可辅加侧吹气驱除或削弱等离子体。小孔的形成和等离子体效应，使焊接过程中伴随着具有特征的声、光和电荷产生，研究它们与焊接规范及焊缝质量之间的关系，和利用这些特征信号对激光焊接过程及质量进行监控，具有十分重要的理论意义和实用价值。

由于经聚焦后的激光束光斑小（$0.1 \sim 0.3\mathrm{mm}$），功率密度高，比电弧焊（$5 \times 10^2 \sim 10^4 \mathrm{W/cm^2}$）高几个数量级，因而激光焊接具有传统焊接方法无法比拟的显著优点：加热范围小，焊缝和热影响区窄，接头性能优良；残余应力和焊接变形小，可以实现高精度焊接；可对高熔点、高热导率，热敏感材料及非金属进行焊接；焊接速度快，生产率高；具有高度柔性，易于实现自动化。

激光焊与电子束焊有许多相似之处，但它不需要真空室，不产生 X 射线，更适合生产中推广应用。激光焊接实际上已取代了电子束焊接 20 年前的地位，成为高能束焊接技术发展的主流。

E 电子束焊

电子束焊接的基本原理是电子枪中的阴极由于直接或间接加热而发射电子，该电子在高压静电场的加速下再通过电磁场的聚焦形成能量密度极高的电子束，用此电子束轰击工件，将巨大的动能转化为热能，使焊接处工件熔化，形成熔池，从而实现对工件的焊接。

F 堆焊

堆焊是用焊接方法在机械零件表面堆敷一层具有一定性能金属材料的工艺过程。堆焊作为材料表面改性的一种经济而快速的工艺方法，越来越广泛地应用于各个工业部门零件的制造修复中。为了最有效地发挥堆焊层的作用，希望采用的堆焊方法有较小的母材稀释、较高的熔敷速度和优良的堆焊层性能，即优质、高效、低稀释率的堆焊技术。

堆焊的目的不是连接零件，而是使零件获得具有耐磨、耐热、耐蚀等特殊性能的熔敷金属层，或是为了恢复或增加零件的尺寸。堆焊既可应用于制造新零件又可应用于恢复旧零件。

　　G　铝热焊

铝热焊是用化学反应热作为热源的焊接方法。焊接时，预先把待焊两工件的端头固定在铸型内，然后把铝粉和氧化铁粉混合物（称铝热剂）放在坩埚内加热，使之发生还原放热反应，成为液态金属（铁）和熔渣（主要为 $Al_2O_3$），注入铸型。液态金属流入接头空隙，形成焊缝金属，熔渣则浮在表面上。为了调整熔液温度和焊缝金属化学成分，常在铝热剂中加入适量的添加剂和合金。铝热焊具有设备简单、使用方便、不需要电源等特点，常用于钢轨、钢筋和其他大截面工件的焊接。

## 4.3.2　压焊

压焊是在加压条件下，使两工件在固态下实现原子间结合，又称固态焊接。常用的压焊工艺是电阻对焊，当电流通过两工件的连接端时，该处因电阻很大而温度上升，当加热至塑性状态时，在轴向压力作用下连接成为一体。

压焊包括爆炸焊、冷压焊、摩擦焊、扩散焊、超声波焊、高频焊和电阻焊等。各种压焊方法的共同特点是在焊接过程中施加压力而不加填充材料。多数压焊方法如扩散焊、高频焊、冷压焊等都没有熔化过程，因而没有像熔焊那样的有益合金元素烧损，和有害元素侵入焊缝的问题，从而简化了焊接过程，也改善了焊接安全卫生条件。同时由于加热温度比熔焊低、加热时间短，因而热影响区小。许多难以用熔化焊焊接的材料，往往可以用压焊焊成与母材同等强度的优质接头。

## 4.3.3　钎焊

钎焊是采用比母材熔点低的金属材料作钎料，在加热温度高于钎料低于母材熔点的情况下，利用液态钎料润湿母材，填充接头间隙，并与母材相互扩散实现连接焊件的方法。它包括硬钎焊、软钎焊等。

钎焊特点是只加热钎料，被焊零件处于固态。焊接零件加热温度低，组织性能变化小，变形也很小，接头光滑平整，可焊异种金属。但接头强度低，工作温度不高，焊前工作要求严。钎焊根据钎料熔点不同可分为硬钎焊和软钎焊。

焊接时形成的连接两个被连接体的接缝称为焊缝。焊缝的两侧在焊接时会受到焊接热作用发生组织和性能变化，这一区域被称为热影响区。焊接时因工件材料、焊接材料、焊接电流等不同，焊后在焊缝和热影响区可能产生过热、脆化、淬硬或软化现象，也使焊件性能下降，恶化焊接性。这就需要调整焊接条件，焊前对焊件接口处预热、焊时保温和焊后热处理可以改善焊件的焊接质量。

另外，焊接是一个局部的迅速加热和冷却过程，焊接区由于受到四周工件本体的拘束而不能自由膨胀和收缩，冷却后在焊件中便产生焊接应力和变形。重要产品焊后都需要消除焊接应力，矫正焊接变形。

现代焊接技术已能焊出无内外缺陷的、机械性能等于甚至高于被连接体的焊缝。被焊接体在空间的相互位置称为焊接接头，接头处的强度除受焊缝质量影响外，还与其几何形状、尺寸、受力情况和工作条件等有关。接头的基本形式有对接、搭接、丁字接（正交接）和角接等。

对接接头焊缝的横截面形状，取决于被焊接体在焊接前的厚度和两接边的坡口形式。焊接较厚的钢板时，为了焊透而在接边处开出各种形状的坡口，以便较容易地送入焊条或焊丝。坡口形式有单面施焊的坡口和两面施焊的坡口。选择坡口形式时，除保证焊透外还应考虑施焊方便，填充金属量少，焊接变形小和坡口加工费用低等因素。

厚度不同的两块钢板对接时，为避免截面急剧变化引起严重的应力集中，常把较厚的板边逐渐削薄，达到两接边处等厚。对接接头的静强度和疲劳强度比其他接头高。在交变、冲击载荷下或在低温高压容器中工作的连接，常优先采用对接接头的焊接。

搭接接头的焊前准备工作简单，装配方便，焊接变形和残余应力较小，因而在工地安装接头和不重要的结构上时常采用。一般来说，搭接接头不适于在交变载荷、腐蚀介质、高温或低温等条件下工作。

采用丁字接头和角接头通常是由于结构上的需要。丁字接头上未焊透的角焊缝工作特点与搭接接头的角焊缝相似。当焊缝与外力方向垂直时便成为正面角焊缝，这时焊缝表面形状会引起不同程度的应力集中；焊透的角焊缝受力情况与对接接头相似。

角接头承载能力低，一般不单独使用，只有在焊透时，或在内外均有角焊缝时才有所改善，多用于封闭形结构的拐角处。

焊接产品比铆接件、铸件和锻件重量轻，对于交通运输工具来说可以减轻自重、节约能量。焊接的密封性好，适于制造各类容器。发展联合加工工艺，使焊接与锻造、铸造相结合，可以制成大型、经济合理的铸焊结构和锻焊结构，经济效益很高。采用焊接工艺能有效利用材料，焊接结构可以在不同部位采用不同性能的材料，充分发挥各种材料的特长，达到经济、优质目的。焊接已成为现代工业中一种不可缺少，而且日益重要的加工工艺方法。

在近代的金属加工中，焊接比铸造、锻压工艺发展晚，但发展速度很快。焊接结构的重量约占钢材产量的45%，铝和铝合金焊接结构的比重也不断增加。

未来的焊接工艺，一方面要研制新的焊接方法、焊接设备和焊接材料，以进一步提高焊接质量和安全可靠性，如改进现有电弧、等离子弧、电子束、激光等焊接能源；运用电子技术和控制技术，改善电弧的工艺性能，研制可靠轻巧的电弧跟踪方法。

另一方面要提高焊接机械化和自动化水平，如焊机实现程序控制、数字控制；研制从准备工序、焊接到质量监控全部过程自动化的专用焊机；在自动焊接生产线上，推广、扩大数控的焊接机械手和焊接机器人，可以提高焊接生产水平，改善焊接卫生安全条件。

## 4.4　热喷涂技术

热喷涂是一种表面强化技术，是表面工程技术的重要组成部分，一直是我国重点推广的新技术项目。

热喷涂是利用某种热源（如电弧、等离子弧或燃烧火焰等）将喷涂材料加热到熔融状态，并通过气流吹动使其雾化，高速喷射到零件表面形成喷涂层的表面加工技术。

在热喷涂过程中，细微而分散的金属或非金属的涂层材料，以一种熔化或半熔化状态，沉积到一种经过制备的基体表面，形成某种喷涂沉积层。涂层材料可以是粉状、带状、丝状或棒状。热喷涂枪由燃料气、电弧或等离子弧提供必需的热量，将热喷涂材料加热到塑态或熔融态，再经受压缩空气的加速，使受约束的颗粒束流冲击到基体表面上。冲击到表面的颗粒，因受冲压而变形，形成叠层薄片，黏附在经过制备的基体表面，随之冷却并不断堆积，最终形成一种层状的涂层。该涂层因涂层材料的不同可实现耐高温腐蚀、抗磨损、隔热、抗电磁波等功能。

热喷焊是在喷涂过程中或喷涂后，加热喷涂层，使其熔化并润湿工件表面，通过涂层与基体的互溶和扩散，形成与基体具有冶金结合的喷焊层的加工方法。

热喷涂和热喷焊的区别：

（1）工件受热情况不同，喷涂无重熔过程，工件表面温度始终不超过300℃，零件不会发生变形和组织变化；但热喷焊时零件温度达900℃以上，某些工件可能会发生退火及变形。

（2）与基体结合的状态不同。

（3）热喷焊材料一般是自熔合金，而热喷涂不限。

（4）热喷焊层均匀致密，一般无孔隙，而热喷涂层有孔隙。

（5）热喷涂层一般适用于过盈配合部位或受冲击载荷小的地方；而热喷焊层则可承受较大的冲击荷载。

（6）热喷涂工件一般不受限制，而热喷焊对工件有要求。

热喷涂技术特点：

（1）基体材料不受限制，可以是金属和非金属，可以在各种基体材料上喷涂；

（2）可喷涂的涂层材料极为广泛，热喷涂技术可用来喷涂几乎所有的固体工程材料，如硬质合金、陶瓷、金属、石墨等；

（3）喷涂过程中基体材料温升小，不产生应力和变形；

（4）操作工艺灵活方便，不受工件形状限制，施工方便；

（5）涂层厚度可以从0.01至几毫米；

（6）涂层性能多种多样，可以形成耐磨、耐蚀、隔热、抗氧化、绝缘、导电、防辐射等具有各种特殊功能的涂层；

（7）具有适应性强及经济效益好等优点；

（8）喷涂层与基体结合强度不太高而且存在孔隙；

（9）喷焊件存在变形问题。

常用的热喷涂方法有火焰喷涂、电弧喷涂、等离子喷涂和爆炸喷涂。

热喷涂材料按外形分为线材和粉末。线材喷涂材料包括丝材和棒材，如铝、锌、铜、钼、镍等有色合金，碳钢不锈钢等黑色金属，复合线材和陶瓷棒材等；粉末喷涂材料除可做成线材的材料，还有难熔金属、自熔合金、陶瓷、复合材料等。

热喷涂材料按成分可分为金属及其合金、陶瓷、塑料、复合材料和自熔合金等五类。

# 4.5　电镀修复技术

电镀是利用电解作用使金属或其他材料制件的表面附着一层金属膜的工艺。电镀的目的是在基材上镀上金属镀层，改变基材表面性质或尺寸。电镀能增强金属的抗腐蚀性（镀层金属多采用耐腐蚀的金属），增加硬度，防止磨耗，提高导电性、润滑性、耐热性和表面美观。

电镀时，镀层金属做阳极，被氧化成阳离子进入电镀液；待镀的金属制品做阴极，镀层金属的阳离子在金属表面被还原形成镀层。为排除其他阳离子的干扰，且使镀层均匀、牢固，需用含镀层金属阳离子的溶液做电镀液，以保持镀层金属阳离子的浓度不变。

电镀层比热浸层均匀，一般都较薄，从几个微米到几十微米不等。通过电镀，可以在机械制品上获得装饰保护性和各种功能性的表面层，还可以修复磨损和加工失误的工件。镀层大多是单一金属或合金，如锌、镉、金或黄铜、青铜等；也有弥散层，如镍-碳化硅、镍-氟化石墨等；还有覆合层，如钢上的铜-镍-铬层、钢上的银-铟层等。电镀的基体材料除铁基的铸铁、钢和不锈钢外，还有非铁金属，如 ABS 塑料、聚丙烯、聚砜和酚醛塑料，但塑料电镀前，必须经过特殊的活化和敏化处理。

电镀分为挂镀、滚镀、连续镀和刷镀等方式，主要与待镀件的尺寸和批量有关。挂镀适用于一般尺寸的制品，如汽车的保险杠，自行车的车把等。滚镀适用于小件，如紧固件、垫圈、销子等。连续镀适用于成批生产的线材和带材。刷镀适用于局部镀或修复。刷镀是在电镀基础上发展起来的修复新技术，是涂镀、快速电镀、无槽电镀、擦镀等的统称。

电镀液有酸性的、碱性的和加有铬合剂的酸性及中性溶液，无论采用何种镀覆方式，与待镀制品和镀液接触的镀槽、吊挂具等应具有一定程度的通用性。

镀层分为装饰保护性镀层和功能性镀层两类。装饰保护性镀层主要是在铁金属、非铁金属及塑料上的镀铬层，特别是钢的铜-镍-铬层，锌及钢上的镍-铬层。为了节约镍，人们已能在钢上镀铜-镍/铁-高硫镍-镍/铁-低固分镍-铬层。与镀铬层相似的锡/镍镀层，可用于分析天平、化学泵、阀和流量测量仪表上。功能性镀层种类很多，如：1）提高与轴颈的相容性和嵌入性的滑动轴承罩镀层，铅-锡，铅-铜-锡，铅-铟等复合镀层；2）用于耐磨的中、高速柴油机活塞环上的硬铬镀层，这种镀层也可用在塑料模具上，具有不粘模具和使用寿命长的特点；3）在大型人字齿轮的滑动面上镀铜，可防止滑动面早期拉毛；4）用于防止钢铁基体遭受大气腐蚀的镀锌；5）防止渗氮的铜锡镀层；6）用于收音机、电视机制造中钎焊并防止钢与铝间的原电池腐蚀的锡-锌镀层。适用于修复和制造的工程镀层，有铬、银、铜等，它们的厚度都比较大，硬铬层可以厚达 300 微米。

电镀后被电镀物件的美观性和电流大小有关系，电流越小，被电镀的物件便会越美观；反之则会出现一些不平整的形状。

电镀的主要用途包括防止金属氧化（如锈蚀）以及进行装饰。不少硬币的外层亦为电镀。

电镀产生的污水（如失去效用的电解质）是水污染的重要来源。

电镀因在低温下进行（一般远低于 100℃），基体金属的性质几乎不受影响，原来的热处理状况不会改变，零件也不会受热变形，镀层的结合强度高，这是常规的热喷涂（焊）、焊接维修所不能比拟的。但镀层的机械性能随厚度的增加而变化，镀层沉积速度慢，修复层尺寸厚时更应重点考虑这些问题。

常见的金属电镀修复技术有低温镀铁修复技术和镀铬修复技术以及镀铜技术。其他电镀方法还有复合电镀、化学镀镍、脉冲电镀、周期转向镀、摩擦电喷镀等。

# 4.6　工件表面强化技术

零件的修复，有时不仅仅是补偿尺寸，恢复配合关系，还要赋予零件表面更好的性能，如耐磨性、耐高温性等。采用表面强化技术可以使零件表面获得更好的性能。

工件表面强化技术是指采用某种工艺手段，通过材料表层的相变、改变表层的化学成分、改变表层的应力状态以及提高工件表面的冶金质量等途径来赋予基体材料本身所不具备的特殊力学、物理和化学性能，从而满足工程上对材料及其制品提出的要求的一种技术。

表面强化技术作为表面工程学的一项重要技术，对于改善材料的表面性能，提高零件表面的耐磨性、抗疲劳性，延长其使用寿命等具有重要意义。它可以节约稀有、昂贵材料，对各种高新技术发展具有重要作用。

工件表面强化技术包括：表面形变强化、表面热处理强化、表面化学热处理强化和三束表面改性技术。

表面形变强化的基本原理是通过喷丸、滚压、挤压等手段使工件表面产生压缩变形，表面形成强化层，其深度可达 $0.5 \sim 1.5\text{mm}$，从而有效地提高工件表面强度和疲劳强度。

表面形变强化成本低廉，强化效果显著，在机械设备维修中常用，其中喷丸强化应用最为广泛。

表面热处理是仅对零件表层进行热处理，使表层发生相变，从而改变表层组织和性能的工艺，是最基本、应用最广泛的表面强化技术之一。它可使零件表层具有高强度、硬度、耐磨性及疲劳极限，而心部仍保留原组织状态。

根据加热方式不同，常用的表面热处理强化包括：感应加热表面淬火、火焰加热表面淬火、电接触加热表面淬火、浴炉加热表面淬火等。

近年来，随着激光束、离子束、电子束的出现与发展，采用激光束、离子束、电子束对材料表面进行改性已成为材料表面增强新技术，通常称为"三束表面改性技术"。

## 4.6.1　激光表面处理技术

激光表面处理技术是应用光学透镜将激光束聚集到很高的功率密度与很高的温度，照射到材料表面，借助于材料的自身传导冷却，改变表面层的成分和显微结构，从而提高表面性能的方法。它可以解决其他表面处理方法无法解决或解决不好的材料强化问题，可大幅提高材料或零部件抗磨损、抗疲劳、耐腐蚀、防氧化等性能，延长其使用寿命。广泛应用于汽车、冶金、机床以及刀具、模具等的生产和修复中。

A　激光束的特点

（1）高功率密度（高亮度）：与其他光源相比，激光光源发射激光束的功率密度较大，经过光学透镜聚集后，功率密度进一步增强，可达到 $10^{14}\,W/cm^2$，焦斑中心温度可达几千度到几万度，比太阳的表面亮度高 $10^{10}$ 倍。

（2）高方向性：激光光束的发射角很小，小到一至几毫弧度，所以可以认为光束基本上是平行的。

（3）高单色性：激光具有相同的位相和波长，单色性好。

B　激光表面处理的特点

激光表面处理技术与其他表面处理相比，具有以下特点：

（1）无需使用外加材料，仅改变被处理材料表面层的组织结构：处理后的改性层具有足够的厚度，可根据需要调整深浅，一般可达 0.1~0.8mm。

（2）处理层和基体结合强度高：激光表面处理的改性层和基体材料之间是致密的冶金结合，而且处理层本身是致密的冶金组织，具有较高的硬度和耐磨性。

（3）被处理件变形极小：由于激光功率密度高，与零件的作用时间极短，故零件的热影响区和整体变化极小。适合于高精度零件处理，作为材料和零件的最后处理工序。

（4）加工柔性好，适用面广：利用灵活的导光系统可随意将激光导向处理部位，从而可方便地处理深孔、内孔、盲孔和凹槽等，可进行选择性的局部处理。

（5）工艺简单优越：激光表面处理均在大气环境中进行，免除了镀膜工艺中漫长的抽真空时间，没有明显的机械作用力和工具损耗，无噪声、无污染、无公害、劳动条件好。再加上激光器配以微型计算机控制系统，很容易实现自动化生产，易于批量生产。产品成品率极高，几乎达到100%，效率很高、经济效益显著。

C　常见的激光表面处理技术

常见的激光表面处理技术有激光表面淬火、激光表面涂敷和激光表面合金化等。

（1）激光表面淬火：也称为激光相变强化，指用激光向零件表面加热，在极短的时间内，零件表面被迅速加热到奥氏体温度以上，在激光停止辐照后，快速自冷淬火得到马氏体组织的一种工艺方法。目前激光表面淬火强化已广泛应用于工业生产中，如采用球墨铸铁制造的汽车曲轴，其圆弧处以表面淬火后，硬度可升高到 55~62HRC，耐磨性与疲劳强度也大为提高；采用钢或铸铁制造的凸轮、齿轮、活塞环、缸套、模具等，以激光表面淬火后，可大大提高其表面硬度和耐磨性。

激光表面淬火对材料的性能有如下影响：

1）硬度升高。

2）提高耐磨性能。

3）改善疲劳性能。

4）残余应力。

（2）激光表面涂敷：其原理与堆焊相似，将预先配好的合金粉末预涂到基材表面。在激光的辐射下，混合粉末熔化形成熔池，直到基材表面微熔。激光停止辐照后，熔化池凝固，并在界面处与基材达到冶金结合。它可避免热喷涂方法使涂层内有过多的气孔、熔渣夹杂、微观裂纹和涂层结合强度低等缺点。

基材一般选择廉价的钢铁材料，有时也可选择铝合金、铜合金、镍合金、钛合金。涂敷材料一般为 Co 基、Ni 基、Fe 基自熔合金粉末。也可将此三种自熔合金作为陶瓷增强涂层的黏结材料，增强陶瓷颗粒选择为 WC、SiC、TiC、TiN 等。

激光表面涂敷的目的是提高零部件的耐磨、耐热与耐腐蚀性能。例如，汽轮机和水轮机叶片表面涂敷 Co-Cr-Mo 合金，提高耐磨与耐腐蚀性能。

（3）激光表面合金化：是一种既改变表面的物理状态，又改变其化学成分的激光表面处理技术。它预先用电镀或喷涂等技术把所需合金元素涂敷在金属表面，再用激光照射该表面；也可以涂敷与激光照射同时进行。由于激光照射使涂敷层合金元素和基体表面薄层熔化、混合，从而形成物理状态、组织结构和化学成分不同的新表层，而提高表层的耐磨性、耐腐蚀性和高温抗氧化性等。如在碳钢表面预涂一定配比的 W、V、Cr、C 元素混合粉末，经激光表面合金化后，可在钢表面获得类似 W18Cr4V 高速钢的成分、组织与性能，从而大大提高表面硬度与耐磨性。它特别适用于工件的重要部位的表面处理。

（4）激光表面非晶态处理：是指金属表面在激光束辐照下熔化并快速冷却，熔化的合金在快速凝固过程中来不及结晶，从而在表层形成厚度为 $1 \sim 10 \mu m$ 的非晶相，这种非晶相薄层不仅具有高强度、高韧度、高耐磨性和高耐腐蚀性，而且具有独特的电磁性和氧化性。

（5）激光气相沉积：以激光束作为热源在金属表面形成金属膜，通过控制激光的工艺参数可精确控制膜的形成。用这种方法可以在普通材料上涂敷与基体完全不同的具有各种功能的金属或陶瓷，节省资源效果明显。

## 4.6.2　离子束表面处理技术

离子束表面处理是把所需要元素的原子电离成离子，并使其在几十至几百千伏的电压下进行加速，进而轰击零件表面，使离子注入表层一定深度的真空处理工艺技术，可以改变材料表面层的物理化学和力学性能。

离子束注入技术的优缺点如下。

A　优点

与电子束和激光束及其他表面处理工艺相比，离子注入表面处理的优点如下：

（1）离子注入是一个非热力学平衡过程，注入离子能量很高，可以高出热平衡能量的2~3个数量级。因此，原则上讲，元素周期表上的任何元素，都可注入任何基体材料内。

（2）离子注入表层与基体材料无明显界面，使力学性能在流入层至基材为连续过渡，保证了流入层与基材之间具有良好的动力学匹配性，与基体结合牢固，避免了表面层的破裂与剥落。

（3）注入元素的种类、能量、剂量均可选择，用这种方法形成的表面合金，不受扩散溶解度的经典力学参数的影响。

（4）离子注入为常温真空表面处理技术，零部件经表面处理后，无形变、无氧化，能保持原有尺寸精度和表面状态，特别适合于高精密部件的最后工艺。

B　缺点

与其他表面处理技术相比，离子束注入技术也存在一些缺点：设备昂贵、成本较高。故目前主要用于重要的精密关键部件。另外，离子注入层较薄，如10万电子伏特的氮离子注入GCr15轴承钢中的平均深度仅为0.1μm，这就限制了它的应用范围；同时受到真空室尺寸的限制。

### 4.6.3　电子束表面处理技术

A　电子束的产生及工作原理

电子束由电子枪阴极发射后，在加速电压的作用下，速度高达光束的2/3，高速电子束经电磁透镜聚焦后辐照在待处理工件的表面。当高速电子束照射到金属表面时，电子能达到金属表面一定深度，与基体金属的原子核及电子发生相互作用。电子与原子核碰撞可看作是弹性碰撞，因此能量传递主要通过电子与金属表层碰撞完成。所传递的能量立即以热能形式传给金属表层电子，从而使金属表层温度迅速升高。

电子束加热与激光加热不同，激光加热时金属表面吸收光子能量，激光并未穿过金属表面。目前电子束加速电压达125kV，输出功率达150kW，能量密度达10MW/m，这是激光器无法比拟的。因此，电子束加热的深度和尺寸比激光大。

B　电子束表面处理的主要特点

（1）加热和冷却速度快。

（2）零件变形小。

（3）与激光表面处理相比，使用成本低。

（4）能量利用率高。

（5）处理在真空中进行，减少了氧化、氮化的影响，可得到纯净的表面处理层。

（6）不论形状多么复杂，凡是能观察到的地方就可用电子束处理。

C 电子束表面处理技术

常用的电子束表面处理技术有电子束表面淬火、电子束表面重熔、电子束表面合金化和电子束表面非晶态处理。

# 4.7 金属扣合技术

金属扣合技术是利用扣合件的塑性变形或热胀冷缩的性质将损坏的零件连接起来，以达到修复零件裂纹或断裂的目的。这种技术可用于不易焊补的钢件、不允许有较大变形的铸件，以及有色金属的修复，对于大型铸件如机床床身、轧机机架等基础件的修复效果就更为突出。扣合件一般为高强度合金材料或10、15、20钢制成。如修复气缸盖、机座、螺旋桨等的裂纹。尤其是铸铁零件不易用焊补方法修复，用此法更为合适。金属扣合工艺与黏结剂配合使用，不仅提高了连接效果，而且可增强密封性。

金属扣合法的优点如下：

（1）修复工艺简单，成本低。所需设备和工具极为简单，可完全采用手工作业，而且修复工作一般不受场地限制，可就地施工。不需拆卸机件进车间，因此可以节省大量费用和时间。

（2）不破坏原有精度。修复是在常温下进行的，不会引起机件变形。

（3）修复质量可靠。用这种方法修复的机件有足够的强度和良好的密封性能。

（4）波形槽分散排列，扣合件（波形槽）分层装入，逐片铆击，避免了应力集中。

金属扣合技术可分为强固扣合法、强密扣合法、优级扣合法和热扣合法四种。

在实际应用中，可根据具体情况和技术要求，选择其中一种或多种联合使用，以达到最佳效果。

## 4.7.1 强固扣合法

强固扣合法或称波浪键扣合法。强固扣合法是先在垂直于损坏零件的裂纹或折断面上，加工出若干个一定形状和尺寸的凹槽（波形槽），然后把形状与波形槽相吻合的高强度材料制成的扣合件（波形键）镶入槽中，并在常温下铆击波形键，使其产生塑性变形而充满波形槽腔，甚至使其嵌入零件基体之内。这样由

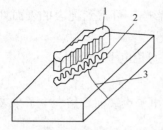

图 4-15　强固扣合法

1—波形键；2—波形槽；3—裂纹

于波形键的凸缘和波形槽相互扣合，便将损坏的零件重新牢固地连接成一体。如图 4-15 所示。

此法适用于修理裂纹处壁厚在 8 ~ 45mm，有一般强度要求的零件。采用频率高、冲击力小（控制压缩空气压力）的铆钉枪来铆击波形键。由两端向中间轮换对称铆击，最后铆击靠近裂纹凸缘时不宜过紧，以免撑开裂纹。先铆凸缘，后铆凸缘连接部分。先用圆弧冲头铆击中心部，再用平冲头铆击各部边缘。控制波形键的铆紧度，达到充分冷作硬化，从而提高抗拉强度。

强固扣合工艺过程如下：

（1）在零件上裂纹两端钻止裂孔，防止裂纹扩展；

（2）设计并确定在零件裂纹处的波形槽位置；

（3）利用专用钻模板和手电钻加工出波形槽；

（4）将波浪键镶嵌入波形槽中（可预先在槽中涂抹胶粘剂），用手锤敲击波浪键使之充满槽腔，将裂纹拉紧。

### 4.7.2　强密扣合法

强密扣合法是在强固扣合工艺原理的基础上，再在两波形键之间、裂纹或折断面的结合线上，每间隔一定距离加工缀缝栓孔，并使第二次钻的缀缝栓孔稍微切入已装好的波形键和缀缝栓，形成一条密封的"金属纽带"，达到阻止流体受压渗漏的目的，如图 4-16 所示。

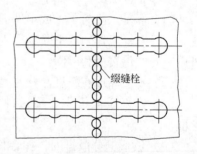

图 4-16　强密扣合法

在裂纹上可安装密封螺钉，也可安装密封圆柱销。前者适用于承受低压的有裂纹的零件，后者则适用于承受高压的有裂纹零件。密封螺钉可选用 M3 ~ M8 规格；圆柱销直径可选用 3 ~ 8mm，长度均与波浪键的厚度相同。此外，它们的材料亦与波浪键相同，但不重要的零件也可选用低碳钢或紫铜等较软材料。

强密扣合法不仅可满足零件的强度要求，而且可满足零件的密封性要求，所以可用来修理有密封要求的裂纹零件，例如承受高压的柴油机气缸套和气缸盖、压力容器等。

### 4.7.3　优级扣合法

优级扣合法也称加强扣合法或加强块扣合法，是在垂直于裂纹或断裂面的修复区上加工出一定形状的空穴，然后将形状、尺寸相同的钢制加强件镶入空穴中，在零件与加强件上再加缀缝栓，使其一半嵌在加强件上，另一半嵌在零件基体上，必要时还可再加入波形键。主要用于承受高载荷的厚壁机件，通常壁厚超过45mm。加强块的形状各异，有矩形、十字形和 X 形等，依机件和裂纹的情况选用，如图 4-17 所示。

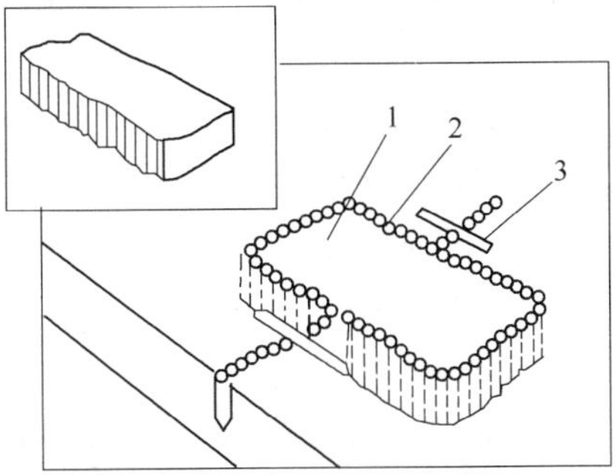

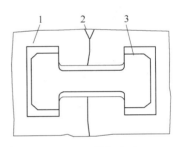

图 4-17　优级扣合法

1—加强件；2—缀缝栓；3—波形键

### 4.7.4　热扣合法

热扣合法是利用金属热胀冷缩的原理，将选定的具有一定形状的扣合件经加热后放入机件损坏处已加工好的与扣合件形状相同的凹槽中，扣合件在冷却过程中产生收缩，将破裂的机件重新密合，如图4-18 所示。这种方法比其他扣合法更为简便实用，多用来修复大型飞轮、齿轮和重型设备的机身等。

扣合法目前已在各行各业越来越普遍地应用。实践证明，采用扣合法修复，质量可靠，精

图 4-18　热扣合法

1—零件；2—裂纹；3—扣合件

度能够得到保证，工艺成熟简便，成本低廉，外形美观，具有明显的经济效益。

## 4.8　粘接修复技术

粘接修复技术是借助胶粘剂把相同或不同的材料连接成为一个连续牢固整体的方法。也称为胶接或粘合。采用胶粘剂来进行连接达到修复目的的技术就是粘接修复技术。粘接同焊接、机械连接（铆接、螺纹连接）统称为三大连接技术。

A　粘接的优点

（1）不受材质的限制，相同材料或不同材料、软的或硬的、脆性的或韧性的各种材料均可粘接，且可达到较高的强度。

（2）粘接时的温度低，不会引起基体（或称母材）金相组织发生变化或产生热变形，不易出现裂纹等缺陷。因而可以修复铸铁件、有色金属及其合金零件、薄件及微小件等。

（3）粘接工艺简便易行，不需要复杂设备，节省能源，成本低廉，生产率高，便于现场修复。

（4）与焊接、铆接、螺纹连接相比，减轻结构质量 20%～25%，表面光滑美观。

（5）粘接还可赋予接头密封、隔热、绝缘、防腐、防振，以及导电、导磁等性能。两种金属间的胶层还可防止电化学腐蚀。

**B　粘接的缺点**

（1）不耐高温。

（2）粘接强度不高（与焊接、铆接相比）。

（3）使用有机胶粘剂尤其是溶剂型胶粘剂，存在易燃、有毒等安全问题。

（4）有机胶受环境条件影响易变质，抗老化性能差。其寿命由于使用条件不同而差异较大。

（5）胶接质量尚无可行的无损检测方法，靠严格执行工艺来保证质量，因此应用受到一定的限制。

**C　粘接的应用**

（1）用结构胶粘接修复断裂件。

（2）用于补偿零件的尺寸磨损。

（3）用于零件的密封堵漏。

（4）以粘代焊、代铆、代螺、代固等。

（5）用于零件的防松紧固。

（6）用粘接代替离心浇铸，制作滑动轴承的双金属轴瓦。

# 4.9　研磨技术

研磨是精密和超精密零件精加工的主要方法之一，是在精加工，如精车、精磨或精铣加工后的超精加工。研磨加工可使零件获得极高的尺寸精度、几何形状和位置精度，最高的表面粗糙度等级以及提高配合精度。

零件的内外圆表面、平面、圆锥面、斜面、螺纹面、齿轮的齿面及其他特殊形状的表面均可以采用此种方法进行加工。柴油机燃油系统中的三对精密偶件：柱塞-套筒偶件、针阀-针阀体偶件、出油阀-出油阀座偶件的内外圆表面、圆锥面、平面在制造时都需要采用研磨进行精加工。在针阀-针阀体配合锥面磨损和柴油机的进排气阀配合键面磨损后均需采用研磨技术进行修复，使配合面恢复密封性能。

进行研磨的零件材料可以是经淬火或未经淬火的碳钢、合金钢、硬质合金，也可以是铸铁、铜及其合金等有色金属材料，或玻璃、水晶和塑料等非金属材料。

灵活的研磨技术是进行精密零件修理的有效方法，尤其是在备件缺乏、时间紧迫的情况下此法尤为重要。

# 4.10 零件修复技术的选择

## 4.10.1 修复技术的选择原则

对于一个损坏的零件，可能有几种修复工艺可供选择，究竟选用哪一种较为合适，这是修理前必须慎重考虑的问题。

一般来说，对于一个具体零件的修复过程应遵守以下基本原则：工艺合理、经济性好、生产可行。

工艺合理是指该修复工艺能满足待修机械零件的技术要求；经济性好是在保证机械零件修复工艺合理的前提下，应考虑到所选择修复工艺的经济性；生产可行是指选择修复工艺要结合企业现有的修复用装备状况和修复水平进行，还应注意不断更新现有修复工艺技术，通过学习、开发和引进，结合实际采用较先进的修复工艺。

## 4.10.2 零件修复工艺规程的制定

机械修复工艺规程是规定零件完成修复工艺过程和操作方法等的工艺文件。它是在具体的生产条件下，将最合理或较合理的修复工艺过程和操作方法，按规定的形式制成工艺文本，经审批后用来指导生产并严格贯彻执行的指导性文件。

A 机械修复工艺规程的作用

（1）工艺规程是指导生产的主要技术文件。合理的工艺规程是在总结生产实践的基础上，依据工艺理论和工艺实验制定的。它体现了一个企业或部门的集体智慧。因此，严格按工艺规程组织生产是保证产品质量、提高生产效率的前提。实践证明，不按科学的工艺进行生产，往往会引起产品质量的严重下降，生产效率显著降低，甚至使生产陷入混乱。

（2）工艺规程是生产组织管理工作、计划工作的依据。由工艺规程所涉及的内容可以看出，在生产管理中，产品投产前原材料及毛坯的供应、通用工艺装备、机械负荷的调整、专用工艺装备的设计与制造、作业计划的编排、劳动力的组织以及生产成本的核算等，都是以工艺规程作为依据的。

（3）工艺规程是新建或改建工厂或车间的基本资料。在新建、扩建或改造工厂或车间时，只有依据工艺规程和生产纲领，才能正确地确定生产所需要的机床和其他设备的种类、规格和数量；确定车间面积、机床布置、生产工人的工种、等级和数量及辅助部门的安排等。

制定零件修复工艺规程的目的是为了保证修理质量及提高生产率和降低修理

成本。

　　B　制定零件修复工艺规程的步骤

（1）调查研究（零件、设备和工艺）；

（2）确定修复方案（择优）；

（3）制定修复工艺规程。

## 4.10.3　维修费用

　　A　总费用的最佳化

费用是机械设备设计中十分重要且比较复杂的因素。虽然可靠性、维修性与费用之间不存在总的函数关系，但是，为提高可靠性，应使用优质材料、故障率低的高级零部件，而这又需要更多的时间和资金。通常，应开发一种具有相当高的可靠性和维修性，且总费用较低的机械设备。

　　一方面，由于研究和设计费用将随可靠性的提高而增加，制造时因需要较精密复杂的生产加工设施和较新的加工工艺，使生产费用也随之增加；另一方面，因可靠性提高，使维修和备件费用相应减少。因此，机械设备总费用曲线就会有一个最低点，该点所代表的就是寿命周期费用的最佳化。

　　维修性在机械设备设计中很重要，如果把可靠性保持在一个适当的水准，提高维修性将会带来实质性的效果。可靠性和维修性均要立足于经济性才能得以存在，对这三项要素应进行综合平衡。

　　B　维修的直接费用和间接费用

维修的直接费用包括：日常维修、检查、修理（指修复突然故障和劣化）等费用。

　　维修的间接费用是指停产、准备等损失的费用。

　　机械设备发生故障和损坏，如果用较长时间去维修，则直接费用较低；若用短时间投入大量的维修手段进行总检修，则花费多。至于间接费用，显然与维修时间成正比，停机时间愈长，损失愈大。

　　C　维修方式与费用

采用何种维修方式都要考虑到直接费用和间接费用，并使它们保持平衡。对于定期维修，不论有无故障，定期地将全部可换的零部件进行更换；未到更换期发生故障的零部件，则坏一个更换一个。这时的费用是定期维修费用加上维修周期内因发生故障而进行修理的费用。

　　如果对于发生故障的零部件，损坏一个修复一个，即采用个别更换式的修理费用应包括零部件的费用、更换的人工费，以及维修期间因停工而造成的损失等。

　　可见，不同的维修方式，其维修费用的计算是不相同的。

### 4.10.4　零部件维修更换的原则

在维修中，经常遇到零部件是更换还是修复的问题。它对机械设备的可靠性、维修内容、工作量、计划性和经济性都有重要影响。

A　确定零部件修换应考虑的因素

a　对机械设备精度的影响

应按工作精度决定修换零部件。例如机床床身导轨、主轴及轴承等基础零件磨损严重，对工作精度影响较大，应进行修换；若磨损不严重，估计能满足下一个维修周期使用，则可不修换。

b　对完成预定使用功能的影响

当零部件不能完成预定的使用功能时，应考虑修换。零部件虽然还能完成预定的功能，但降低了机械设备的性能，应考虑修换。

c　对生产率的影响

由于机械设备本身的原因增加了工作时间和劳动强度，使自动装置失常、废品率上升、生产率明显下降，应考虑修换有关零部件。

d　对零部件强度和刚度的影响

有些零部件强度和刚度已达到最小值，因磨损严重而可能破坏时，必须修换；零件刚度下降引起精度降低或破坏了正常工作条件时，应修换；对安全性要求高的零件，当强度下降，出现裂纹等，必须修换。

e　磨损条件

当零部件磨损急剧上升，破坏了正常配合、啮合和传动，使效率下降、发热量大增、润滑失常、表面拉伤、咬住或断裂，应修换；如果零件表面硬化层被磨掉或脱皮、配合间隙过大、表面拉伤、疲劳剥蚀等，应及时修换有关零件，保护较贵重的配对件。

f　经济分析

一些零件接近失效极限但未达到，要考虑其剩余寿命对今后使用维修的影响，从经济上分析是否应修换和什么时候修换最适宜。对允许事后维修的零件可使用到其寿命极限；对维持不了一个修理间隔期，而修换拆装劳动量大、停机损失大、对生产影响大，又无替代时，应修换；对安全要求高而又无可靠的监测手段，应定期修换，不过多考虑其剩余寿命。

B　修复零部件应满足的要求

对已决定修换的零部件，要进一步确定是更换还是修复再用。一般情况下，对失效零件进行修复可节约材料、减少配件的加工和备件的储备量，从而降低成本。

修复零部件应满足以下要求：

（1）零部件修复后必须恢复和保持原有的各项技术要求，包括尺寸、形位公差、表面质量、足够的强度和刚度等。

（2）修复零部件要求有足够的使用寿命，其耐用度至少应维持一个修理间隔期，防止因故障和事故而停机。

（3）修复零部件要考虑经济效益，在保证前两项要求的前提下降低维修成本。在比较修复、更换成本和使用寿命时，若相对维修成本低于相对新制作件成本，应考虑修复。

零部件是修复还是更换也受到其他一些因素的影响，如本单位的制造和修复工艺水平、备件的储备、采购条件的影响、计划停机时间的限制。

### 4.10.5　典型零件修复技术的选择

A　轴的修复技术选择

轴类零件是机械设备中比较常见的主要零件之一，轴类零件常见的失效形式是磨损，比如：滑动轴承的轴颈及外圆柱面、装滚动轴承的轴颈及静配合面、轴上键槽、轴上螺纹以及圆锥孔、销孔等部位的磨损。常用的轴的修复技术选择见表 4-1。

**表 4-1　轴的修复技术选择**

| 零件磨损部分 | 修 理 方 法 | |
| --- | --- | --- |
| | 达到公称尺寸 | 达到修配尺寸 |
| 滑动轴承的轴颈及外圆柱面 | 镀铬、镀铁、金属喷涂、堆焊 | 达到修配尺寸 |
| 装滚动轴承的轴颈及静配合面 | 镀铬、镀铁、堆焊、滚花、化学镀铜（0.05mm 以下） | |
| 轴上键槽 | 堆焊修理键槽，转位铣新键槽 | 键槽加宽，不大于原宽度的 1/7，重配键 |
| 花键 | 堆焊重铣或镀铁后磨（最好用振动焊） | |
| 轴上螺纹 | 堆焊，重车螺纹 | 车成小一级螺纹 |
| 外圆锥面 | 刷镀、喷涂、加工 | 磨到较小尺寸恢复几何精度 |
| 圆锥孔 | 刷镀、加工 | 磨到较大尺寸恢复几何精度 |
| 轴上销孔 | | 重新铰孔 |
| 扁头、方头及球面 | 堆焊 | 加工修整几何形状 |
| 一端损坏 | 切去损坏的一段，焊接一段，加工至标称尺寸 | |
| 弯曲 | 校正 | |

B 孔的修复技术选择

孔类零件的失效形式也主要表现为磨损失效,主要有孔径的磨损、键槽的磨损、螺纹孔的、圆锥孔、销孔、凹坑、球面窝及小槽以及平面组成的导槽等。孔的修复技术选择见表4-2。

表4-2 孔的修复技术选择

| 零件磨损部分 | 修 理 方 法 | |
|---|---|---|
| | 达到公称尺寸 | 达到修配尺寸 |
| 孔径 | 镗大镶套、堆焊、刷镀、粘补 | 镗孔或磨孔,恢复几何精度 |
| 键槽 | 堆焊修理,转位另插键槽 | 加宽键槽、另配键 |
| 螺纹孔 | 镶螺塞,可改变位置的零件转位重钻孔 | 加大螺纹孔至大一级的标准螺纹 |
| 圆锥孔 | 镗孔后镶套 | 刮研或磨削恢复几何精度 |
| 销孔 | 移位重钻,铰销孔 | 铰孔、另配销子 |
| 凹坑、球面窝及小槽 | 铣掉重镶 | 扩大修整形状 |
| 平面组成的导槽 | 镶垫板、堆焊、粘补 | 加大槽形 |

C 齿轮的修复技术选择

齿轮是机械传动中的主要零件,也是比较容易产生失效的零件。齿轮的失效主要发生在轮齿、齿角、孔径、键槽以及离合器爪等部位。齿轮的修复技术选择见表4-3。

表4-3 齿轮的修复技术选择

| 零件磨损部分 | 修 理 方 法 | |
|---|---|---|
| | 达到公称尺寸 | 达到修配尺寸 |
| 轮齿 | (1) 利用花键孔,镶新轮圈插齿<br>(2) 齿轮局部断裂,堆焊加工成形<br>(3) 内孔镀铁后磨 | 大齿轮加工成负修正齿轮(硬度低,可加工者) |
| 齿角 | (1) 对称形状的齿轮调头倒角使用;<br>(2) 堆焊齿角后加工 | 锉磨齿角 |
| 孔径 | 镶套、镀铬、镀镍、刷镀、堆焊,然后加工 | 磨孔配角 |
| 键槽 | 堆焊加工或转位另开键槽 | 磨孔配轴 |
| 离合器爪 | 堆焊后加工 | 加宽键槽、另配键 |

# 思 考 题

## 一、名词解释：

修理尺寸法，附加零件修理法，局部更换修理法，钎焊，堆焊，热喷涂，热喷焊。

## 二、简答题：

1. 机械零件的修复技术主要有哪些？
2. 机械加工修理技术有哪些主要方法？
3. 机械加工修理技术与制造新零件的区别有哪些？
4. 修理尺寸法分为哪两种方法？
5. 画图说明轴颈的镶套修理方法。
6. 画图说明支架孔的镶套修理方法。
7. 应用附加零件修理法时应注意哪些问题？
8. 画图说明轴类零件的局部更换修理法。
9. 齿轮类零件的局部更换修理法是什么？
10. 画图说明键槽的局部更换修理法。
11. 画图说明螺孔的局部更换修理法。
12. 局部更换零件法与附加零件修理法有何区别？
13. 塑性变形修复零件的方法一般有哪些？
14. 冷压校正和冷作校正有什么区别？
15. 焊接维修技术主要有哪三大类？
16. 热喷涂和热喷焊的区别有哪些？
17. 常见的金属电镀修复技术有哪些？
18. 工件表面强化技术包括哪些技术？
19. 三束表面改性技术是指哪三项技术？
20. 激光表面处理技术与其他表面处理相比，具有哪些特点？
21. 激光表面淬火对材料的性能有哪些影响？
22. 金属扣合技术可分为哪四种方法？
23. 三大连接技术是指哪三项技术？
24. 零件修复工艺的选择原则有哪些？

# 5  机械设备的安装

机械设备的安装是指按照一定的技术条件，将机器设备或其单独部件正确地安放或牢固地固定在设计位置上，使它们在空间获得设计的坐标位置。

机械设备的安装是工厂基本建设的重要环节，是机械设备从制造到投入使用的必要过程。机械设备安装的好坏，直接影响机械设备的使用性能和生产的顺利进行，关系到能否正常投产和投产后能否达到高产的重要问题，因此，做好机械设备的安装具有重要的意义。

机械设备的安装工艺过程包括基础的验收、安装前的组织和技术准备、设备的吊装、设备安装位置的检测和校正、基础的二次灌浆及试运转等。

## 5.1  机械安装前的准备工作

机械设备的安装之前，有许多准备工作要做。工程质量的好坏、施工速度的快慢都和施工的准备工作有关。

### 5.1.1  组织、技术准备

#### 5.1.1.1  组织准备

在进行一项大型设备的安装之前，应该根据当时的情况，结合具体条件成立适当的组织机构，并且分工明确、紧密协作，以使安装工作按步骤进行。

施工组织是施工管理的指导文件，它是根据工厂基建总体施工组织设计、机械设备图纸等技术资料及领导部门下达的文件为依据制定的，其内容包括以下几方面。

A  工程概况

工程概况包括工程简明技术性能、工作量、开工和竣工日期、安装时重大技术措施和施工条件等。

B  编制施工统筹图（网络图）

施工统筹图包括施工顺序、设备到货情况、基础支付情况、场地条件、运输条件、施工机械条件。

C  施工总平面图

施工总平面图包括场地使用、机具布置、运输通路等综合平面图，注意地下管网、隧道和地面建筑等综合平衡。

### 5.1.1.2　技术准备

技术准备是机械设备安装前的一项重要准备工作，其主要内容如下。

（1）研究机械设备的图样、说明书，安装工程的施工图，国家部委颁发的机械设备安装规范和质量标准。在施工之前，必须对施工图样进行会审，对工艺布置进行讨论审查，注意发现和解决问题。

（2）熟悉设备的结构特点和工作原理，掌握机械设备的主要技术数据、技术参数、使用性能和安装特点。

（3）对安装工人进行必要的技术培训。

（4）编制安装工程施工作业计划。安装工程施工作业计划应包括安装工程技术要求、安装工程的施工程序、安装工程的施工方法、安装工程所需机具和材料及安装工程的试车步骤、方法和注意事项。

## 5.1.2　供应准备

供应准备是安装中一个重要方面。供应准备主要包括机具准备和材料准备。

A　机具准备

机具准备是根据设备的安装要求准备各种规格和精度的安装检测机具和起重运输机具。并认真地进行检查，以免在安装过程中才发现不能使用或发生安全事故。

常用的安装检测机具包括：水平仪、经纬仪、水准仪、准直仪、拉线架、平板、弯管机、电焊机、气焊及气割工具、扳手、万能角度尺、卡尺、塞尺、千分尺、千分表及其他检验测试设备等。

起重运输机具包括：双梁、单梁桥式起重机，汽车吊，坦克吊，卷扬机，起重杆，起重滑轮，葫芦，绞盘，千斤顶等起重设备；汽车、拖车、拖拉机等运输设备；钢丝绳、麻绳等索具。

B　材料准备

安装中所用的材料要事先准备好。对于材料的计划与使用，应当是既要保证安装质量与进度，又要注意降低成本，不能有浪费现象。安装中所需材料主要包括：各种型钢、管材、螺栓、螺母、垫圈、铜皮、铝丝等金属材料；石棉、橡胶、塑料、沥青、煤油、机油、润滑油、棉纱等非金属材料。

## 5.1.3　机械的开箱检查与清洗

A　开箱检查

机械设备安装前，要和供货方一起进行设备的开箱检查。检查后应做好记录，并且要双方人员签字。设备的检查工作主要包括以下几项：

（1）设备表面及包装情况。

（2）设备装箱单、出厂检查单等技术文件。

（3）根据装箱单清点全部零件及附件。

（4）各零件和部件有无损坏、变形或锈蚀等现象。

（5）机件各部分尺寸是否与图样要求相符合。

B　清洗

开箱检查后，为了清除机器、设备部件加工面上的防锈剂及残存在部件内部的铁屑、锈斑及运输保管过程中的灰尘、杂质，必须对机器和设备的部件进行清洗。清洗的步骤一般是：粗洗，主要清除掉部件上的油污、旧油、漆迹和锈斑；细洗，也称油洗，是用清洗油将脏物冲洗干净；精洗，采用清洁的清洗油最后洗净，主要用于安装精度和加工精度都较高的部件。

### 5.1.4　预装配和预调整

为了缩短工期减少安装时的组装、调整工作量，常常在安装前预先对设备的若干零部件进行预装和预调整，把若干零部件组装成大部件。用这些预先组装好的大部件进行安装，可以大大加快安装进度。预装配和预调整可以提前发现设备存在的问题，及时加以处理，以确保安装的质量。

## 5.2　基础的设计与施工

机器基础的作用，不仅是把机器牢固地固定在要求的位置上，而且把机器本身的重量和工作时的作用力传递到土壤中去，并吸收振动。所以机器基础是设备中重要的组成部分，机器基础设计和施工如果不正确，不但会影响机器设备本身的精度、寿命和产品的质量，甚至使周围厂房和设备结构受到损害。

机器基础的设计，包括根据机器的结构特点、动力作用的性质，选择基础的类型，在坚固和经济条件下，确定基础最合适的尺寸和强度等。

按基础的结构分，机器基础可以分为两类：一类是大块式（刚性）基础；另一类是构架式（非刚性）基础。大块式基础建成大块状、连续大块状或板状，其中开有机器、辅助设备和管道安装所必需的以及在使用过程中供管理用的坑、沟和孔。根据整套机器设备的特点，有的有地下室，有的无地下室。这种基础应用最为广泛，可以安装所有类型的机器设备，尤其是有曲柄连杆的机器，还适用于安装绝大部分的破碎机、大部分电动机（主要是小功率和中功率的电动机）等。对锻锤一类设备，则只能建造大块式基础，而构架式基础一般仅用来安装高频率的机器设备。

基础浇灌凝固后应进行质量检查与验收。主要检查基础的尺寸位置偏差是否符合机器安装的要求。

安装重型机器设备时,为了防止安装后基础下沉或倾斜,破坏机器的正常运转,在安装前应对基础进行预压。基础养生期满后,在基础上压重物(钢板或铸件等),其重量为2倍于设备自重再加最大机件重。用水准仪每天观测,直到测出基础不再下沉。

机器设备正式安装前要认真清理基础表面,除去表面灰土、浮浆和油污。在基础的上部表面,除放置垫板的位置外,需要二次灌浆的地方都应铲麻面以保证基础与二次灌浆层能结合牢固。铲麻面要求每 $100cm^2$ 面积有 $2\sim3$ 个小坑。小坑深 $10\sim20mm$。

基础螺丝又称地脚螺丝,作用是固定所安装的机器设备。

埋设基础螺丝常用的形式有全埋式、半埋式和预留孔式三种,如图 5-1 所示。

全埋式是把地脚螺丝和金属固定架先连在一起(焊接或结扎),再把它们都浇灌在基础混凝土之中。全埋式的缺点是固定架留在基础中消耗大量钢材;若浇捣基础时地脚螺丝捣偏,事后不易校正。

半埋式是在基础上部留一定深度的调整孔,可以弥补地脚螺丝浇偏不易校正的缺点。

预留孔式是在浇灌基础时把地脚螺丝孔位置全部留出(放置木壳板即可),待机器安装找正后再用水泥砂浆补灌螺丝孔。

预留孔式虽施工简单,但牢度较差,不宜用于矿山、冶金等重型机器设备的安装。

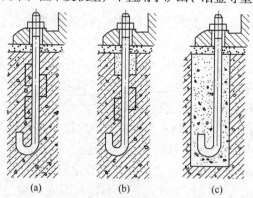

图 5-1 地脚螺丝的形式
(a) 全埋式;(b) 半埋式;(c) 预留孔式

## 5.3 机械的安装

机械设备的安装,重点要注意设置安装基准、设置垫板、设备吊装、找正找平找标高、二次灌浆、试运行等几个问题。机器设备在基础上装置的情况如图 5-2 所示。

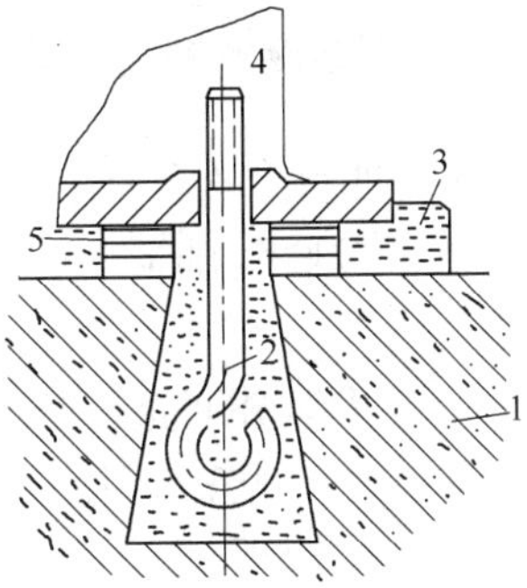

### 5.3.1 测量安装偏差的依据

机器安装时，其前后左右的位置根据纵横中心线来调整，上下的位置根据标高按基准点来调整。这样就可利用中心线和基准点来确定机器在空间的坐标了。

决定中心线位置的标记称为中心标板，标高的标记称为基准点。

A 中心标板

中心标板是一段长度为 150～200mm 的钢轨或工字钢、槽钢、角钢等。用水泥浆把它非常牢固埋设在相应设备的基础表面，然后用经纬仪测出机器设备安装中心线并向中心标板上投出中心标点。通常以冲孔的点表示中心标点并用红漆或白漆画圈于点外以示明显标志，如图 5-3 所示。

两块中心标板分别埋设在机器设备安装中心线两端的基础表面，根据中心标点拉的安装中心线是找正机器设备的依据。

B 基准点

基准点在机器设备的基础表面靠近边缘处埋设铆钉，并根据每个工厂的永久性基准点（为海拔某一高度），测出这个铆钉的标高（用红漆标出）。该铆钉及其标高就作为机器设备安装时找标高的依据，这种作用的铆钉称为基准点，如图 5-4 所示。

基准点是机器设备安装时找标高的依据，可以用水准仪测量。

图 5-2 机器在基础上的装置

1—混凝土基础；2—基础螺丝；
3—二次灌浆；4—机座；5—垫板

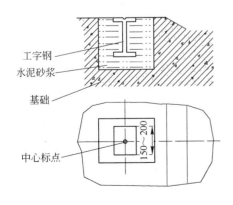

图 5-3 中心标板

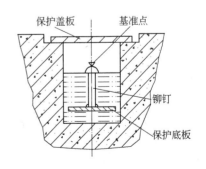

图 5-4 基准点

### 5. 3. 2  机器设备安装工艺

A  机器设备安装的工艺过程

（1）验收基础质量，在基础上铲麻面、放垫板，对设备进行拆洗检查或预装；

（2）安装并调整设备使之具有正确的位置（找平找正找标高）、紧固基础螺丝并复查位置的正确性；

（3）二次灌浆；

（4）试运转。

B  机器设备安装的新工艺

a  环氧树脂砂浆黏结基础螺丝

此工艺不需要固定架，可节省大量钢材和劳动量。

b  三点安装法

不同于垫板安装法，可利用三点决定平面的原理安装。在机器底座下适当位置先放置三对斜垫板或三个斜铁器，可使"三找"很快达到要求。此时，在需要放置垫板的其他位置打入相应高度的平垫板组，收紧基础螺丝再复查正、平、高，确认无误后即可二次灌浆。

可节省大量工时。

c  座浆法安装

直接用高强度微膨胀座浆混凝土埋置垫板，在座浆垫板上再加垫板来调整机器的标高和水平的方法。工效很高。

d  垫板安装

利用斜铁找正机器（包括中心、水平、标高）然后用座浆混凝土二次灌浆，养生后抽去斜铁，其空洞再次补灌。采用三点安装原理和座浆混凝土二次灌浆，可使安装工程达到多快好省。

e  无垫板安装技术

无垫板安装技术即是设备安装不用垫板的技术。过去安装设备必用垫板，而垫板埋于二次灌浆层里不能回收，且耗量不少。以1700热连轧机为例，一台轧机的底座就用了6.4t经机械加工的垫板，粗略估计，在正常建设年份，全国一年用于垫板的钢材迫近10000t。无垫板安装技术的关键是采用了新开发的早强高标号微膨胀且能自流灌浆的浇筑料，将此浇筑料填充到二次灌浆层后，由于浇筑料的微膨胀，使二次灌浆层与设备底座下平面贴实，从而起到承载作用，因此垫板的承载作用便可被代替。

垫板的另一找平、找标高作用，则可以用微调千斤顶或斜铁器来代替，将它们放在原来该放垫板之处，用以调整机器的空间位置。调整完毕，紧固地脚螺栓，在它们的周围搭设木模板再进行二次灌浆，3 天后脱去木模板，取出微调千斤顶或斜铁器，以便回收利用，将它们遗留的空穴以普通混凝土填充，再将二次灌浆层周边用水泥砂浆抹平。

### 5.3.3 设置垫板

垫板放置在机器底座与基础表面之间。如图 5-5 所示。

垫板的作用是：

（1）利用调整垫板的高度叮调节机器设备的标高和水平；

（2）通过垫板把机器重量和工作载荷均匀地传给基础；

（3）使机器底面与基础之间保持一定距离，以便二次灌浆能充满机器底部空间；

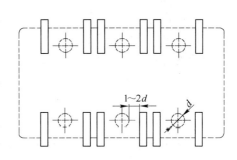

图 5-5　垫板的放置

（4）在特殊情况下可通过垫板校正底座的变形。

垫板分平垫板和斜垫板两种。斜垫板的斜度为 1：15～1：50。垫板材料为普通钢板或铸钢板。地脚螺丝直径小于 M78 时，选用长×宽为 100mm×75mm 垫板，大于 M78 时用 150mm×100mm 垫板。垫板厚度有 0.5、1.0、2.0、3.0mm，直到 15mm 或更厚。重型和巨型设备安装，可采用更大面积的垫板。

垫板的总面积（$A = NLB$）必须保证垫板与混凝土基础表面的单位压力 $p$ 小于混凝土基础表面的抗压强度 $[R]$：

$$p = \frac{C(Q_1 + Q_2)}{NlB} \leq [R]$$

式中　$C$——安全系数，1.5～3.0，轻型机器安装取较小值；

$Q_1$——机器设备总重量，N；

$Q_2$——基础螺丝紧固力，N：

$$Q_2 = [\sigma]F$$

$[\sigma]$——基础螺丝材料许用拉应力，MPa；

$F$——基础螺丝总有效截面积，$mm^2$：

$$F = n\pi d^2 / 4$$

$n$——螺丝的个数；

$d$——螺丝的直径，mm；

$N$——垫板的堆数；

$l$——垫板的长度，mm；

$B$——垫板的宽度，mm；

$[R]$——混凝土抗压强度（取混凝土设计标号），MPa。

所以
$$A \geqslant \frac{C(Q_1 + Q_2)}{[R]} \quad mm^2$$

混凝土设计标号就是浇捣好了的混凝土经养生 28 天后可达到的抗压强度（MPa）。通常有 10、15、20、25、30、40、50 七种抗压强度可选择。重要设备的基础抗压强度应大于 30MPa。

垫板的位置和放置方法如图 5-5 所示。

要求：

（1）每堆垫板的组合可以是厚度不同的平垫板组合、一对斜垫板组合、一对斜垫板加平垫板组合。

（2）为便于调整，垫板长边应垂直于机座底边并外露 25~30mm。

（3）每堆垫板块数应尽可能少，厚的在下层，以保证刚度和可靠性。

（4）垫板高度应在 50~120mm，以便于二次灌浆。

（5）垫板应磨去飞边和毛刺，可保证平整与良好接触，以免机器投产后垫板松动。

（6）二次灌浆前必须把每堆垫板组点焊在一起。

垫板与基础表面的研磨先用磨石（或砂轮片）研磨基础表面，再用垫板与研磨表面磨合并使接触面积达 70%以上（用色迹法检查）。基础研磨面水平性要求为 0.1~0.5mm/m（安装轧机为 0.1mm/m）。

**例5-1**　齿轮座地脚板如图，机器设备总重量 $Q_1 = 600kN$，地脚螺丝直径 $\phi60mm$，许用应力 $[\sigma] = 100MPa$，基础抗压强度 $R = 25$ MPa，安全系数为 3，要选一块面积为 90×240mm² 垫板多少堆合适？并将垫板放置的示意图和注意问题画在图上。

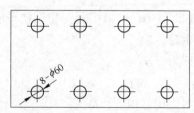

**解：**①地脚螺丝紧固力 $Q_2$ 的计算

$$Q_2 = \frac{\pi d^2}{4}[\sigma] \cdot n = \frac{\pi}{4} \times 60^2 \times 100 \times 8 = 2261946.7 \, (N) \approx 2261.9 \, kN$$

$$A = \frac{(Q_1 + Q_2)}{R}C = \frac{(600 + 2261.9) \times 10^3 \times 3}{25} = 343428 \, mm^2$$

一个垫板面积

$$A_1 = 240 \times 90 = 21600 \text{mm}^2$$

垫板堆数

$$N = \frac{A}{21600} = \frac{343428}{21600} = 15.899$$

取 16 堆。

②垫板放置示意图

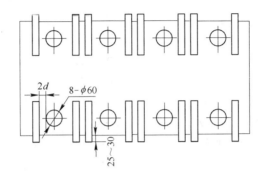

### 5.3.4　机械设备安装位置的检测与调整

机械设备安装位置的检测与调整的目的：调整机器设备的中心、水平和标高的实际偏差达到允许偏差之内。

这个反复检测调整过程称为找正、找平、找标高，简称"三找"。"三找"又称安装三要素。

（1）找正：使机器设备的中心线对正安装中心线的过程。

常用方法：挂线法。如图 5-6 所示。

拨动设备的方法可采用撬棍、大锤和楔铁，也可以使用千斤顶等。

（2）找平：把设备调整到要求的水平度（或垂直度）的过程。

常用仪器：水平仪。

（3）找标高：把设备的高度位置调整到设计高度的过程。

常用方法：改变垫板高度。

### 5.3.5　二次灌浆

由于有垫板，故在基础表面与机器底座下部会形成空洞，这些空洞必须在机器投产前用混凝土填满，这一作业称为二次灌浆。

图 5-6　机械设备安装找正示意图

灌浆时的注意事项如下：

（1）要清除二次灌浆处的混凝土表面上的油污、杂物和浮灰；

（2）用清水冲洗表面；

（3）小心放置模板，以免碰动已找正的设备；

（4）灌浆工作应连续完成；

（5）灌浆后要浇水养护；

（6）拆模板时要防止已调整好设备的位置变动，拆除模板后要将二次灌浆层周边用水泥砂浆抹平。

### 5.3.6  机械设备安装后的试运转

试运转是机械设备安装中最后的，也是最重要的阶段。

试运转目的是综合检查设备的运转质量，发现和消除机器设备由于设计制造、装配和安装等原因造成的缺陷，并进行初步磨合，使机器设备达到设计的技术性能。经过试运转，机械设备就可按要求正常投入生产。

由于机械设备种类和型号繁多，试运转涉及的问题面较广，所以安装人员在试运转之前一定要认真熟悉有关技术资料，掌握设备的结构性能和安全操作规程，才能做好试运转工作。

A  试运转前的检查

机械设备在试运转前一般还需要进行下列检查：

（1）机械设备周围应全部清扫干净。

（2）机械设备上不得放有任何工具、材料及其他妨碍机械运转的东西。

（3）机械设备各部分的装配零件必须完整无缺，各种仪表都要经过试验，所有螺钉、销钉之类的紧固件都要拧紧并固定好。

（4）所有减速器、齿轮箱、滑动面以及每个应当润滑的润滑点，都要按照产品说明书上的规定，保证质量地加上润滑油。

（5）检查水冷、液压、气动系统的管路、阀门等，该开的是否已经打开，该关的是否已经关闭。

（6）在设备运转前，应先开动液压泵将润滑油循环一次，以检查整个润滑系统是否畅通，各润滑点的润滑情况是否良好。

（7）检查各种安全设施（如安全罩、栏杆、围绳等）是否都已安设妥当。

（8）只有确认设备完好无疑，才允许进行试运转，并且在设备启动前还要做好紧急停车的准备，确保试运转时的安全。

B  试运转的步骤

试运转的步骤一般是：先无负荷，后有负荷；先低速，后高速；先单机，后联动。每台单机要从部件开始，由部件到组件，由组件到单台设备；对于数台设备联成一套的联动机组，要将每台设备分别试好后，才能进行整个机组的联动试运转；前一步骤未合格，不得进行下一步骤的试运转。

设备试运转前，电动机应单独试验，以判断电力拖动部分是否良好，并确定其正确的回转方向；其他如电磁制动器、电磁阀限位开关等各种电气设备，都必须提前做好试验调整工作。

试运转时，能手动的部件先手动后再机动。对于大型设备，可利用盘车器或吊车转动两圈以上，没有卡阻等异常现象，方可通电运转。

# 思 考 题

## 一、名词解释：

中心标板，基准点，二次灌浆。

## 二、简答题：

1. 写出机器设备安装的工艺过程。
2. 埋设基础螺丝常用的形式有哪些？各自的埋设过程和特点是什么？
3. 机器设备安装的新工艺有哪些？
4. 机械设备安装时，垫板的作用是什么？
5. 机械设备安装后试运转的目的是什么？
6. 安装三要素有哪些？分别采用哪种方法进行调整？

## 三、计算题：

1. 齿轮座地脚板如图 5-7 所示，机器设备总重量 $Q_1 = 500\text{kN}$，用地脚螺丝直径 $\phi50\text{mm}$，许用应力 $[\sigma] = 120\text{MPa}$，基础抗压强度 $R = 24\text{MPa}$，安全系数为 3，要选一块面积为 $90 \times 220\text{mm}^2$ 垫板多少堆合适？并将垫板放置的示意图和注意问题画在图上。

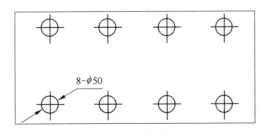

图 5-7　计算题图

## 参 考 文 献

[1] 杨永军. 温度测量技术现状和发展概述［J］. 计测技术, 2009, 29（4）：62~65.

[2] 王启业. TPM 设备维修管理模式的探讨［J］. 重型机械, 2011（2）：72~76.

[3] 景奉儒. TPM 管理与实践［M］. 沈阳：东北大学出版社, 2003.

[4] 单云龙, 田磊, 胡志强. 机械零件失效模式研究［J］. 轻工科技, 2013（7）：61~63.

[5] 孙铂, 孙维连, 李颖. 零件失效分析案例［J］. 金属热处理, 2013, 38（6）：128~132.

[6] 孙屏, 戴雅康. 发动机零件失效案例分析［J］. 柴油机, 2010, 32（2）：46~49.

[7] 陈慧玲. 普通轴类零件失效分析［J］. 金属热处理, 2007（7）：85~87.

[8] 罗锦, 孟晨, 苏振中. 故障诊断技术的发展和展望［J］. 自动化与仪器仪表, 2003（2）：1~2, 11.

[9] 叶达佳. 机械设备润滑工作的重要性［J］. 湖南农机, 2013, 40（1）：79~80.

[10] 张晓丽. 机械设备润滑问题相关探讨［J］. 一重技术, 2009（6）：64~66.

[11] 陈冠国. 机械设备维修［M］. 第 2 版. 北京：机械工业出版社, 2005.

[12] 王怀军, 陈英伟. 谈农业机械拆卸时应注意的问题［J］. 民营科技, 2013（4）.

[13] 孙力. 机械专业的拆装学习［J］. 机械职业教育, 1999（10）：19.

[14] 韩俊良, 刘淑华. 机械修理时的拆装规则［J］. 科技致富向导, 2008（12）：123.

[15] 陈英莫. 五种难拆卸轴承和轴套的拆卸新工艺［J］. 矿山机械, 2008（20）：85.

[16] 孙家骥. 矿冶机械维修工程学［M］. 北京：冶金工业出版社, 1994.

[17] 宋剑虹, 禹德伟. 超声波技术在轴承零件清洗中的应用［J］. 机械制造, 2003, 41（1）：49~51.

[18] 王文奎. 机械零件清洗工艺及其应用［J］. 绍兴文理学院学报（自然科学版）, 2003（4）：59~61.

[19] 王丽滨. 介绍几种拆卸轴承和轴套的简单方法［J］. 机械工程师, 2007（2）：133.

[20] 周国虎. 机械零件检验中常见废品问题探究［J］. 企业技术开发, 2012, 31（11）：105~106.

[21] 张巧芬. 机车零件的检验方法［J］. 农机使用与维修, 2006（4）：96.

[22] 张建军, 崔保卫. 机械零件检验工艺探讨［J］. 陶瓷研究与职业教育, 2005, 3（2）：22~23.

[23] 张瑞, 王春英, 梁成岭, 王萌. 工程机械装配工艺现状与发展趋势［J］. 建筑机械, 2010（5）：70~72.

[24] 韩思军, 胥磊. 机械装配的合理性［J］. 黑龙江冶金, 2011（3）：37~39.

[25] 费敬银. 机械设备维修工艺学［M］. 陕西：西北工业大学出版社, 1999.

[26] 李慧芳. 工程机械装配工艺现状与发展趋势［J］. 科技传播, 2012（17）：37~38.

[27] 张士斌, 唐杰. 机械装配中的过盈联接装配［J］. 一重技术, 2006（2）：23~24.

[28] 闫嘉琪, 李力. 机械设备维修基础［M］. 北京：冶金工业出版社, 2009.

[29] 殷建波, 郭斌. 关于机械装配精度［J］. 叉车技术, 1999（1）：5~7.

[30] 陈丽萍. 机械修复技术［J］. 山东农机化, 2009（2）.

[31] 刘艳恒. 电刷镀技术在工程机械修复中的应用［J］. 山西建筑, 2008（32）：343~344.

［32］李劲夫 . 热喷涂技术在工程机械修复上的应用［J］. 装备制造技术，2009（2）：116~117.

［33］徐海 . 动力机械传动轴径焊补修复［J］. 科技致富向导，2011（3）：142.

［34］张建军 . 激光熔覆技术在机械修复中的应用［J］. 自动化与仪器仪表，2011（5）：99~100.

［35］谷士强 . 冶金机械安装与维护［M］. 北京：冶金工业出版社，1995.

［36］石建军 . 机械安装技术在冶金建设中的重要作用［J］. 科技与企业，2013（8）：348.

［37］刘金国 . 论水利工程的机械安装与维护［J］. 价值工程，2011（9）：23.

［38］李士军 . 机械维护修理与安装［M］. 北京：化学工业出版社，2004.

［39］陈光维 . 试谈机械安装工程的前期准备工作［J］. 泸天化科技，1999（1）：57~59.

［40］王志友 . 机械设备安装流程及其常见难题简析［J］. 中国新技术新产品，2013（5）：136.

［41］何明金 . 冶金机械设备安装的关键问题及发展［J］. 科技创新与应用，2013（22）：99.

# 冶金工业出版社部分图书推荐

| 书　名 | 作　者 | 定价(元) |
|---|---|---|
| 机械振动学（第2版） | 闻邦椿　主编 | 28.00 |
| 机电一体化技术基础与产品设计（第2版）（本科教材） | 刘　杰　主编 | 46.00 |
| 现代机械设计方法（第2版）（本科教材） | 臧　勇　主编 | 36.00 |
| 机械工程材料（本科教材） | 王廷和　主编 | 22.00 |
| 机械可靠性设计（本科教材） | 孟宪铎　主编 | 25.00 |
| 机械故障诊断基础（本科教材） | 廖伯瑜　主编 | 25.80 |
| 机械电子工程实验教程（本科教材） | 宋伟刚　主编 | 29.00 |
| 机械工程实验综合教程（本科教材） | 常秀辉　主编 | 32.00 |
| 液压传动与气压传动（本科教材） | 朱新才　主编 | 39.00 |
| 液压与气压传动实验教程（本科教材） | 韩学军　等编 | 25.00 |
| 电液比例控制技术（本科教材）（中英对照） | 宋锦春　编著 | 48.00 |
| 炼铁机械（第2版）（本科教材） | 严允进　主编 | 38.00 |
| 炼钢机械（第2版）（本科教材） | 罗振才　主编 | 32.00 |
| 轧钢机械（第3版）（本科教材） | 邹家祥　主编 | 49.00 |
| 冶金设备（本科教材） | 朱　云　主编 | 49.80 |
| 冶金设备及自动化（本科教材） | 王立萍　等编 | 29.00 |
| 环保机械设备设计（本科教材） | 江　晶　编著 | 45.00 |
| 机电一体化系统应用技术（高职高专教材） | 杨普国　主编 | 36.00 |
| 机械制造工艺与实施（高职高专教材） | 胡运林　编 | 39.00 |
| 机械工程材料（高职高专教材） | 于　钧　主编 | 32.00 |
| 液压技术（高职高专教材） | 刘敏丽　主编 | 26.00 |
| 通用机械设备（第2版）（高职高专教材） | 张庭祥　主编 | 26.00 |
| 高炉炼铁设备（高职高专教材） | 王宏启　等编 | 36.00 |
| 采掘机械（高职高专教材） | 苑忠国　主编 | 38.00 |
| 矿山固定机械使用与维护（高职高专教材） | 万佳萍　主编 | 39.00 |
| 矿冶液压设备使用与维护（高职高专教材） | 苑忠国　主编 | 27.00 |
| 机械设备维修基础（高职高专教材） | 闫家琪　等编 | 28.00 |
| 液压润滑系统的清洁度控制 | 胡邦喜　著 | 16.00 |
| 液力偶合器使用与维护500问 | 刘应诚　编著 | 49.00 |
| 液压可靠性与故障诊断（第2版） | 湛丛昌　等著 | 49.00 |
| 冶金设备液压润滑实用技术 | 黄志坚　著 | 68.00 |
| 带式输送机实用技术 | 金丰民　等著 | 59.00 |